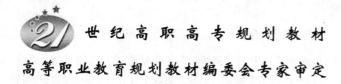

21世纪高职高专规划教材

高等职业教育规划教材编委会专家审定

DSP 原理与应用

（第 2 版）

主　编　马永军

副主编　蔡卫平

北京邮电大学出版社
www.buptpress.com

内 容 简 介

本书以 TI 公司的 TMS320C54x DSP 为例,介绍了 DSP 的内部结构和工作原理,重点介绍了指令系统、汇编语言设计、仿真集成环境 CCS 以及 DSP 片内外设的原理和应用。本书最后介绍了 DSP 的常用软件实验和硬件实训,并给出了详细的源程序,便于读者在实践中掌握 DSP 的基本应用。本书可作为高等职业技术学院、高等专科学校的电子、信息和通信类专业学生学习的教材,也可供广大工程技术人员作为 DSP 技术入门的参考书籍。

图书在版编目(CIP)数据

DSP 原理与应用 / 马永军主编. --2 版. --北京 : 北京邮电大学出版社,2016.1
ISBN 978-7-5635-4311-3

Ⅰ. ①D… Ⅱ. ①马… Ⅲ. ①数字信号处理—教材 Ⅳ. ①TN911.72

中国版本图书馆 CIP 数据核字(2015)第 060305 号

书 名	DSP 原理与应用(第 2 版)
著作责任者	马永军 主编
责 任 编 辑	马晓仟
出 版 发 行	北京邮电大学出版社
社 址	北京市海淀区西土城路 10 号(邮编:100876)
发 行 部	电话:010-62282185 传真:010-62283578
E-mail	publish@bupt.edu.cn
经 销	各地新华书店
印 刷	北京睿和名扬印刷有限公司
开 本	787 mm×1 092 mm 1/16
印 张	12.25
字 数	314 千字
版 次	2008 年 6 月第 1 版 2016 年 1 月第 2 版 2016 年 1 月第 1 次印刷

ISBN 978-7-5635-4311-3 定 价:26.00 元

前　言

数字信号处理器(DSP,Digital Signal Processor)自 20 世纪 70 年代末问世以来以其独特的硬件结构和快速实现各种数字信号处理的突出优点,发展十分迅速,并在通信、雷达、声呐、语音合成和识别、图像处理、高速控制、仪器仪表、医疗设备、家用电器等众多领域得到了广泛的应用。

本书以 TI 公司的定点 16 位 TMS320C54x 系列 DSP 芯片为例,对 DSP 的原理及应用进行了介绍。本书突出高等职业教育的特色,强调了 DSP 应用技术的基本概念和方法,侧重于通过练习达到学习 DSP 应用技术的目的。第 2 版修订和更新了部分内容并增加了 FIR 滤波器的 C54x 的实现与仿真。

本书共分 8 章。

第 1 章介绍了 DSP 的基本概念,数字信号处理实现的方法,DSP 芯片的特点、发展现状以及应用方向。

第 2 章介绍了 TMS320C54x DSP 的硬件结构和工作原理,重点介绍了 CPU、总线结构、存储器以及片内外设的原理和特点。

第 3 章介绍了 DSP 的 7 种基本数据寻址方式以及汇编语言指令系统,并给出了常用指令的实例说明。

第 4 章介绍了 DSP 的软件设计流程以及汇编语言的编写方法,并给出了具体的应用实例。

第 5 章介绍了 TI 公司的 CCS(Code Composer Studio)集成开发环境的操作与应用。

第 6 章是 FIR 滤波器的 C54x 的实现与仿真,主要介绍 FIR 滤波器的 C54x 编程实现及其 CCS 仿真方法。

第 7 章是 DSP 的片内外设,介绍了中断、定时器、通用 I/O 引脚、主机接口、多通道缓冲串口等常用片内外设的工作原理和使用方法,并给出了具体应用实例。

第 8 章是 DSP 实验和实训,给出了常用的软件实验和硬件实训,并给出了详细的操作步骤和汇编语言源程序。

本书适合于高等职业技术学院、高等专科学校的电子、信息和通信类专业学生选作 DSP 教材,作为一本 DSP 技术的基础教材,本书也可供广大工程技术人员作为 DSP 技术入门的参考。

本书由马永军任主编,蔡卫平任副主编,参与编写的还有黄默、李志敏、华有斌、张莹,全书由马永军负责统稿。

由于编者的水平和所掌握的资料有限,书中的错误和不足在所难免,恳请读者批评指正。

编　者

目　　录

第1章 绪 论

1.1 数字信号处理概述

数字信号处理(DSP,Digital Signal Processing)是一门涉及多门学科并广泛应用于很多科学和工程领域的新兴学科。数字信号处理是利用计算机或专用处理设备,以数字的形式对信号进行分析、采集、合成、变换、滤波、估算、压缩等加工处理,以便提取有用的信息并进行有效的传输与应用的理论和技术。与模拟信号处理相比,数字信号处理具有精确、灵活、抗干扰能力强、可靠性高、体积小、易于大规模集成等优点。进入21世纪以后,信息社会已经进入了数字化时代,DSP技术已成为数字化社会最重要的技术之一。

DSP可以代表数字信号处理技术(Digital Signal Processing),也可以代表数字信号处理器(Digital Signal Processor),其实两者是不可分割的。前者是理论和计算方法上的技术,后者是指实现这些技术的通用或专用可编程微处理器芯片。随着DSP芯片的快速发展,应用越来越广泛,DSP这一英文缩写已被大家公认为是数字信号处理器的代名词。

从理论上讲,只要有了算法,任何具有计算能力的设备都可以用来实现数字信号处理。但在实际应用中,信号处理需要及时完成,要求具有实时性,需要有很强的计算能力和很快的计算速度来完成复杂算法。数字信号处理主要有以下几种实现方法。

1. PC 机软件实现(C 语言、MATLAB 语言等)

主要用于DSP算法的模拟与仿真,验证算法的正确性和性能。优点是灵活方便,缺点是速度较慢。

2. PC 机＋专用处理机实现

专用性强,应用受到很大的限制,不便于系统的独立运行。

3. 通用单片机(51、96 系列等)实现

适用于简单的DSP算法,完成一些不太复杂的数字信号处理任务,如数字控制等。

4. 专用 DSP 芯片实现

这种芯片将相应的信号处理算法〔如快速傅里叶变换(FFT,Fast Fourier Transformation)、数字滤波、卷积、相关等算法〕在芯片内部用硬件实现,无须进行编程。处理速度极高,但专用性强,应用受到限制。

5. 通用可编程 DSP 芯片

具有更加适合于数字信号处理的软件和硬件资源,可用于复杂的数字信号处理算法,特点是灵活、速度快,可实时处理。

本课程主要讨论数字信号处理的软硬件实现方法,即利用数字信号处理器(DSP芯片),通过配置硬件和编程,实现所要求的数字信号处理任务。

1.2 可编程 DSP 芯片

1. DSP 芯片的特点

实时数字信号处理技术的核心和标志是数字信号处理器。数字信号处理有别于普通的科学计算与分析,它强调运算处理的实时性,因此 DSP 除了具备普通微处理器所强调的高速运算、控制功能外,还针对实时数字信号处理,在处理器结构、指令系统、指令流程上作了很大的改动,其结构特点如下。

(1) 采用哈佛结构

DSP 芯片普遍采用数据总线和程序总线分离的哈佛结构或改进的哈佛结构,比传统处理器的冯·诺依曼结构有更快的指令执行速度。

1) 冯·诺依曼(Von Neuman)结构

该结构采用单存储空间,即程序指令和数据公用一个存储空间,使用单一的地址和数据总线,取指令和取操作数都是通过一条总线分时进行的。当进行高速运算时,不但不能同时进行取指令和取操作数,而且还会造成数据传输通道的瓶颈现象,其工作速度较慢。

2) 哈佛(Harvard)结构

该结构采用双存储器空间,程序存储器和数据存储器分开,有各自独立的程序总线和数据总线,可独立编址和独立访问,可对程序和数据进行独立传输,使取指令操作,指令执行操作,数据吞吐并行完成,大大提高了数据处理能力和指令的执行速度,非常适合于实时的数字信号处理。

3) 改进型的哈佛结构

改进型的哈佛结构是采用双存储空间和数条总线,即一条程序总线和多条数据总线。其特点如下。

① 允许在程序空间和数据空间之间相互传送数据,使这些数据可以由算术运算指令直接调用,增强了芯片的灵活性。

② 提供了存储指令的高速缓冲器(Cache)和相应的指令,当重复执行这些指令时,只需读入一次就可连续使用,不需要再次从程序存储器中读出,从而减少了指令执行所需的时间。

以上 3 种结构示意图如图 1-1 所示。

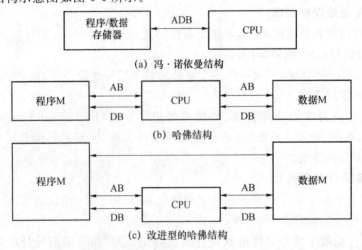

(a) 冯·诺依曼结构

(b) 哈佛结构

(c) 改进型的哈佛结构

图 1-1　3 种结构示意图

（2）多总线结构

多总线结构可以保证在一个机器周期内可以多次访问程序空间和数据空间。如TMS320C54xx 内部有一组程序总线 PB、三组数据总线 CB、DB 和 EB 以及相应的 4 条地址总线 PAB、CAB、DAB 和 EAB，可以在一个机器周期内从程序存储器取 1 条指令、从数据存储器读 2 个操作数和向数据存储器写 1 个操作数，大大提高了 DSP 的运行速度。因此，对 DSP 来说，内部总线是个十分重要的资源，总线越多，可以完成的功能就越复杂。

（3）流水线结构

DSP 执行一条指令，需要通过取指、译码、取操作数和执行等几个阶段。在 DSP 中，采用流水线结构，在程序运行过程中这几个阶段是重叠的，如 4 级流水线的操作，即在执行本条指令的同时，还依次完成了后面 3 条指令的取操作数、译码和取指，从而在不提高时钟频率的条件下减少了每条指令的执行时间，将指令周期降低到最小值。

（4）专用的硬件乘法器

在通用微处理器中，乘法是由软件完成的，即通过加法和移位实现，需要多个指令周期才能完成。在数字信号处理过程中用得最多的是乘法和加法运算，DSP 芯片中有专用的硬件乘法器，使得乘法累加运算能在单个周期内完成。

（5）特殊的 DSP 指令

为了更好地满足数字信号处理应用的需要，在 DSP 的指令系统中，设计了一些特殊的DSP 指令。例如，TMS320C54x 中的 MACD（乘法、累加和数据移动）指令，具有执行 LT、DMOV、MPY 和 APAC 4 条指令的功能。

（6）指令周期短

早期的 DSP 的指令周期约为 400 ns。随着集成电路工艺的发展，DSP 广泛采用亚微米CMOS 制造工艺，其运行速度越来越快。以 TMS320VC5402 为例，其运算速度可达 100 MIPS（即每秒执行百万条指令，million instructions per second）。快速的指令周期使得 DSP 芯片能够实时实现许多数字信号处理应用。

（7）硬件配置强

新一代 DSP 的接口功能越来越强，片内具有串行口、主机接口（HPI）、DMA 控制器、软件控制的等待状态寄存器、锁相环时钟产生器以及实现在线仿真符合 IEEE 1149.1 标准的测试访问口，更易于完成系统设计。许多 DSP 芯片都可以工作在省电方式下，使系统功耗降低。

（8）多处理器结构

尽管当前的 DSP 芯片已达到较高的水平，但在一些实时性要求很高的场合，单片 DSP 的处理能力还不能满足要求。如在图像压缩、雷达定位等应用中，若采用单处理器将无法胜任。因此，支持多处理器系统就成为提高 DSP 应用性能的重要途径之一。为了满足多处理器系统的设计，许多 DSP 芯片都采用支持多处理器的结构。如 TMS320C40 提供了 6 个用于处理器间高速通信的 32 位专用通信接口，使处理器之间可直接对通，应用灵活、使用方便。TMS320C80 是一个多处理器芯片，其内部有 5 个微处理器，通过共享数据存储空间来交换信息。由于支持多处理器结构，可以实现完成巨大运算量的多处理器系统，即将算法划分给多个处理器，借助高速通信接口来实现计算任务并行处理的多处理器阵列。

DSP 芯片的上述特点，使其在各个领域得到越来越广泛的应用。

2. 与 CPU、MCU、FPGA/CPLD 的比较

（1）与 CPU 的比较

作为计算机核心的微处理器 CPU 是目前处理器性能的最高水平：千万个晶体管，超过

1 000 MHz 的工作频率,非常完善的开发手段,非常丰富的软件支持,各种用途的整机、板卡应有尽有。在这些方面,DSP 是无法与之相比的。

但相对于 DSP,它也有明显的不足。微处理器并非针对实时信号处理而设计的,其数据输入/输出能力相对于其处理能力要低得多,使得无论是基于 DOS 还是基于 Windows 的处理软件,其响应速度或响应延迟不能满足实时处理要求。在相同的工作频率下,微处理器进行乘加、FFT、编解码等常用数字信号处理的速度要比 DSP 低得多。尽管微处理器集成度很高,但仍需要较多的外围电路,使得其性价比、体积、功耗都比 DSP 大得多。

(2) 与 MCU 的比较

与单片机 MCU 比较,DSP 技术特殊之处就在于其所负担的复杂数字计算任务,实际上单片机系统也是一个数字信号处理系统,只不过一般的单片机所具有的计算能力有限,因此在一般的应用领域所涉及的计算理论较少。DSP 比单片机推出的时间晚,而复杂度、性能要高得多。以最简单的性能指标 MIPS(百万条指令每秒)为例,单片机为 1～10 MIPS,DSP 为 50～200 MIPS。单片机只有单总线,且片外地址、数据线复用;而 DSP 片内有多总线,片外的地址、数据总线分开,还有比异步串口(UART)速度高得多的同步串口,因此数据输入/输出能力很强。DSP 数据位宽,有大容量的片内存储器,进行数字信号处理时不仅速度快,精度也高。

但单片机的控制接口种类比 DSP 多,适用于以控制为主的模数混合设计,同时在成本上单片机的价格也低得多。

(3) 与 FPGA/CPLD 的比较

FPGA/CPLD 可编程逻辑器件与专用 DSP 一样,是用硬件完成数字信号处理运算的,其单一运算的速度很高,输入至输出的延迟也比 DSP 小。但它进行各种数字信号处理混合功能实现就不如 DSP,进行复杂运算如解方程或浮点数据处理也不行。数字电路设计中常把 DSP 的灵活性和 FPGA/CPLD 的高速、高效结合在一起,可充分发挥两者各自在软件、硬件上的可编程能力。

3. DSP 产品简介

在生产通用 DSP 的厂家中,最有影响的有 AD 公司、AT&T 公司(现在的 Lucent 公司)、TI 公司(美国德州仪器公司)和 NEC 公司。

(1) AD 公司

定点 DSP:ADSP21xx 系列　16 bit　40 MIPS;

浮点 DSP:ADSP21020 系列　32 bit　25 MIPS;

并行浮点 DSP:ADSP2106x 系列　32 bit　40 MIPS;

超高性能 DSP:ADSP21160 系列　32 bit　100 MIPS。

(2) AT&T 公司

定点 DSP:DSP16 系列　16 bit　40 MIPS;

浮点 DSP:DSP32 系列　32 bit　12.5 MIPS。

(3) Motorola 公司

定点 DSP:DSP56000 系列　24 bit　16 MIPS;

浮点 DSP:DSP96000 系列　32 bit　27 MIPS。

(4) NEC 公司

定点 DSP:uPD77Cxx 系列　16 bit;

　　　　　uPD770xx 系列　16 bit;

uPD772xx 系列　24 bit 或 32 bit。

（5）TI 公司

该公司自 1982 年推出第一款定点 DSP 芯片以来,相继推出定点、浮点和多处理器 3 类运算特性不同的 DSP 芯片,共发展了 7 代产品。其中,定点运算单处理器的 DSP 有 7 个系列,浮点运算单处理器的 DSP 有 3 个系列,多处理器的 DSP 有 1 个系列。主要按照 DSP 的处理速度、运算精度和并行处理能力分类,每一类产品的结构相同,只是片内存储器和片内外设配置不同。

定点 DSP：　　　TMS320C1x 系列　16 bit　第 1 代　1982 年前后；

TMS320C2x 系列　16 bit　第 2 代　1987 年前后；

TMS320C5x 系列　16 bit　第 5 代　1993 年；

TMS320C54x 系列 16 bit　第 7 代　1996 年；

TM5320C24x 系列 16 bit　第 7 代　1996 年；

TMS320C6x 系列　32 bit　第 7 代　1997 年；

TMS320C55x 系列 16 bit　第 7 代　2000 年（功耗最低）。

浮点 DSP：　　　TMS320C3x 系列　32 bit　第 3 代　1990 年；

TMS320C4x 系列　32 bit　第 4 代　1990 年；

TMS320C67x 系列 64 bit　第 7 代　1998 年（速度最快）。

多处理器 DSP：TMS320C8x 系列　32 bit　第 6 代　1994 年。

C2x、C24x 称为 C2000 系列,主要用于数字控制系统,C54x、C55x 称为 C5000 系列,主要用于功耗低、便于携带的通信终端,C62x、C64x 和 C67x 称为 C6000 系列,主要用于高性能复杂的通信系统,如移动通信基站。

由于 TI 公司的 C5000 系列低功耗 DSP 在国内应用较多,本书将以 TI 公司的 TMS320C54x DSP 为主介绍 DSP 技术。

1.3　DSP 芯片的发展及应用

1. DSP 芯片的发展现状

随着现代通信技术、计算机技术以及超大规模集成电路工艺的不断发展,DSP 芯片也取得了突飞猛进的发展,主要表现在以下几个方面。

（1）发展高速、高性能的 DSP 器件

DSP 芯片的运行速度越来越快,指令执行的时间越来越短。

（2）高度集成化

集滤波、A/D、D/A、ROM、RAM 和 DSP 内核于一体的模拟数字混合式 DSP 芯片将有较大的发展和应用。

（3）低功耗、低电压

进一步降低功耗,使其更适用于个人通信机、便携式计算机和便携式仪器仪表。

（4）开发专用 DSP 芯片

为了满足系统级芯片的设计,开发基于 DSP 内核的 ASIC 会有较大的发展。

（5）提供更加完善的开发环境

特别是开发效率更高的、优化的 C 编译器和代数式指令系统,以克服汇编语言程序可读性和移植性的不足,缩短开发周期。

(6)扩大应用领域

DSP 芯片将向更多应用领域渗透,进一步扩大其应用范围。

2. DSP 芯片的应用

在近 20 年时间里,DSP 芯片已经在数字信号处理、通信、雷达等许多领域得到了广泛的应用。目前,DSP 芯片的价格越来越低,性能日益提高,具有巨大的应用潜力。DSP 芯片的应用主要有以下几个方面。

(1)通用数字信号处理:如数字滤波、快速傅里叶变换、卷积、相关运算、波形产生等。

(2)通信:如高速调制解调器、数据加密、数据压缩、纠错编码、可视电话等。

(3)语音处理:如语音识别、语音合成、矢量编码、语音信箱等。

(4)图形/图像处理:如三维图像变换、模式识别、图像增强、动画、电子地图等。

(5)自动控制:如机器人控制、自动驾驶、发动机控制、磁盘控制等。

(6)仪器仪表:如数据谱分析、自动监测、勘探、暂态分析、地震处理等。

(7)医学电子:如 CT 扫描、超声波、核磁共振、心脑电图、医疗监护等。

(8)军事与尖端科技:如雷达和声呐信号处理、导弹制导、火控系统等。

(9)计算机与工作站:如阵列处理机、计算加速卡、图形加速卡、多媒体计算机等。

(10)家用电器:如高清晰度电视、电子玩具、汽车电子、游戏机、家电电脑控制装置等。

随着超大规模集成电路的快速发展以及基于信号处理理论的各门学科的迅速发展,DSP 芯片将得到越来越广泛的应用。

本 章 小 结

(1)DSP 的解释有两种:一种是指数字信号处理的理论和方法,即数字信号处理技术,英文为 Digital Signal Processing;另一种是指用于进行数字信号处理的可编程微处理器,英文为 Digital Signal Processor。人们常用 DSP 一词来指通用数字信号处理器。

(2)数字信号处理主要有以下几种实现方法:软件实现、硬件实现、软硬结合实现。

(3)DSP 芯片的特点:采用哈佛结构,采用多总线结构,采用流水线结构,有专用的硬件乘法器,具有特殊的 DSP 指令,指令周期短,硬件配置强。

(4)与其他微处理器相比,DSP 在实时数字信号处理方面有无可比拟的优势。

(5)在生产通用 DSP 的厂家中,最有影响的有 AD 公司、AT&T 公司(现在的 Lucent 公司)、TI 公司(美国德州仪器公司)和 NEC 公司。其中 TI 公司的 TMS320C54x 系列低功耗 DSP 应用最为广泛。

思 考 题

1. 简述 DSP 芯片的主要特点。

2. 比较 DSP 芯片和其他处理器有哪些不同。

3. 简要地叙述 DSP 芯片的发展概况。

4. 什么是哈佛结构和冯·诺依曼结构?它们有什么区别?

5. 什么是流水线技术?

第2章 TMS320C54x 硬件系统

2.1 TMS320C54x 硬件结构特性

2.1.1 TMS320C54x 的硬件结构

TMS320C54x 是目前应用较为广泛的 16 bit 定点 DSP,适应远程通信等实时嵌入式应用的需要。它具有高度的操作灵活性和运行速度,使用改进的哈佛结构(一组程序存储器总线、3组数据存储器总线、4组地址总线),具有专用硬件逻辑的 CPU、片内存储器、片内外围设备以及一个高度专业化的指令集。这些特点使得 TMS320C54x 具有功耗小、高度并行等优点,可以满足电信等众多领域实时处理的要求。

表 2-1 所示为 TMS320C54x 系列 DSP 的基本配置,包括片内 RAM 和 ROM 的大小,片内外设的数量,单机器周期的执行时间以及引脚数。

表 2-1 TMS320C54x 系列 DSP 的基本配置

型号	电压/V	片内存储器/KB		片内外设			指令周期/ns	引脚
		RAM[①]	ROM	串行接口	定时器	主机接口		
TMS320C541	5.0	5	28[②]	2[③]	1		25	100
TMS320LC541	3.3	5	28[②]	2[③]	1		20/25	100
TMS320C542	5.0	10	2	2[③]	1	√	25	128/144
TMS320LC542	3.3	10	2	2[④]	1	√	20/25	100
TMS320LC543	3.3	10	2	2[④]	1		20/25	128
TMS320LC545	3.3	6	48[⑦]	2[⑤]	1	√	20/25	128
TMS320LC545A	3.3	6	48[⑦]	2	1	√	15/20/25	100
TMS320LC546	3.3	6	48[⑦]	2	1		20/25	100
TMS320LC546A	3.3	6	48[⑦]	2	1		15/20/25	144
TMS320LC548	3.3	32	2	2[⑤]	1	√	15/20	144
TMS320LC549	3.3	32	16	3[⑥]	1	√	12.5/15	144
TMS320VC549	3.3/2.5	32	16	3[⑥]	1	√	10	144
TMS320VC5402	3.3/1.8	16	4	2	2	√	10	144
TMS320VC5409	3.3/1.8	32	4	3	1	√	10	144
TMS320VC5410	3.3/2.5	64	6	3	1	√	10	144
TMS320VC5420	3.3/1.8	100	0	6	1	√	10	144

注：① C548 和 C549 是 SRAM,其余型号芯片是 DRAM,且 SRAM 可以配置为程序区或数据区。

② 对于 C541 和 LC541,8 KB 的 ROM 可以配置为程序存储器或程序/数据存储器。

③ 2 个标准通用串行接口 SP。

④ 1 个时分复用串行接口 TDM 和 1 个带缓冲区的标准串行接口 BSP。

⑤ 1 个标准串行接口 SP 和 1 个带缓冲区的标准串行接口 BSP。

⑥ 1 个时分复用串行接口 TDM 和 2 个带缓冲区的标准串行接口 BSP。

⑦ 对于 LC545 或 LC546,16KB 的 ROM 可配置为数据或程序存储区。

本书主要论述 TMS320C54x DSP 的原理及应用,并以应用广泛的低成本型号 TMS320VC5402 DSP 芯片为例来介绍 TMS320C54x DSP 的使用。

2.1.2 TMS320C54x DSP 的主要特性

TMS320C54x 是目前最流行的低成本 DSP 芯片,主要由中央处理单元 CPU、内部总线控制、特殊功能寄存器、数据存储器 RAM、程序存储器 ROM、I/O 功能扩展接口、串行接口、定时器、中断系统等部分组成,其内部结构如图 2-1 所示。

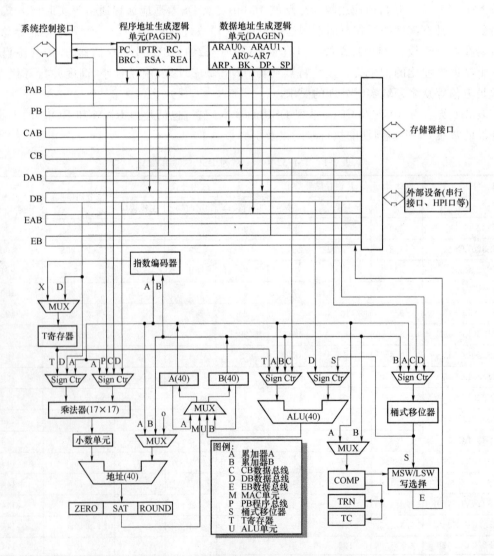

图 2-1 TMS320C54x 的内部结构图

其主要特点包括以下几个方面。

1. CPU 部分

(1) 先进的多总线结构(1 条程序总线、3 条数据总线和 4 条地址总线)。

(2) 40 位算术逻辑运算单元(ALU)。包括 1 个 40 位桶形移位寄存器和 2 个独立的 40 位累加器。

(3) 17×17 位并行乘法器,与 40 位专用加法器相连,用于非流水线式单周期乘法/累加(MAC)运算。

(4) 比较、选择、存储单元(CSSU),用于加法/比较选择。

(5) 指数编码器,可以在单个周期内计算 40 位累加器中数值的指数。

(6) 双地址生成器,包括 8 个辅助寄存器和 2 个辅助寄存器算术运算单元(ARAU)。

2. 存储器系统

(1) 具有 192 KB(16 bit)可寻址存储空间:64 KB 程序存储空间、64 KB 数据存储空间及 64 KB I/O 空间,对于 C548、C549、C5402、C5410 和 C5416 等可将其程序空间扩展至 8 MB。

(2) 片内双寻址 RAM(DARAM):C54x 中的 DARAM 被分成若干块。在每个机器周期内,CPU 可以对同一个 DARAM 块寻址(访问)2 次,即 CPU 可以在一个机器周期内对同一个 DARAM 块读出 1 次和写入 1 次。DARAM 可以映射到程序空间和数据空间。但一般情况下,DARAM 总是映射到数据空间,用于存放数据。

(3) 片内单寻址 RAM(SARAM):SARAM 也可分成若干块,但在一个机器周期内只能读 1 次或写 1 次。

3. 片内外设

DSP 的片内外设是集成在芯片内部的外部设备,将一些必需的具有特殊功能的电路集成在片内,可以简化电路的设计,提高访问速度,CPU 核对片内外设的访问是通过对相应的控制寄存器的访问来完成的。常用的片内外设有以下几种:

(1) 软件可编程等待状态发生器;

(2) 可编程分区转换逻辑电路;

(3) 片内锁相环(PLL)和时钟发生器;

(4) 可编程串行接口(4 种);

(5) 可编程定时器 16 位(1~2 个);

(6) 8 位或 16 位主机接口(HPI);

(7) 多种节电模式:软件控制片外总线、CLKOUT、器件电压等。

片内外设的使用将在后面的章节详细讨论。

4. 指令系统

为更好地满足数字信号处理应用的需要,在 DSP 的指令系统中,设计了一些特殊的 DSP 指令,主要有以下几类:

(1) 单指令重复和块指令重复操作;

(2) 用于程序和数据管理的块存储器传送指令;

(3) 32 位长操作数指令;

(4) 同时读入 2 个或 3 个操作数的指令;

(5) 可以并行存储和并行加载的算术指令;

(6) 条件存储指令;

(7) 从中断快速返回的指令。

相关指令系统的应用将在第 3 章中详细介绍。

2.2　总线结构

TMS320C54x DSP 的总线结构是围绕 8 条 16 位的总线建立的,即 1 条程序总线、3 条数据总线和 4 条地址总线。

1.1 条程序总线(PB)

传送取自程序存储器的指令代码和立即操作数。

2.3 条数据总线(CB、DB 和 EB)

将内部各单元(如 CPU、数据地址生成电路、程序地址生成电路、在片外围电路以及数据存储器)连接在一起。其中,CB 和 DB 总线传送从数据存储器读出的操作数,EB 总线传送写到存储器中的数据。

3.4 条地址总线(PAD,CAB,DAB 和 EAB)

传送执行指令所需要的地址。

TMS320C54x 利用 2 个辅助寄存器算术运算单元(ARAU0 和 ARAU1),在每个周期内产生 2 个数据存储器的地址。PB 总线能将存放在程序空间(如系数表)中的操作数传送到乘法器和加法器,以便执行乘法/累加操作,或通过数据传送指令(MVPD 和 READA 指令)传送到数据空间的目的地。此种功能连同双操作数的特性,支持在 1 个周期内执行 3 操作数指令(如 FIRs 指令)。TMS320C54x 还有一组在片双向总线,用于寻址片内外围电路。这条总线通过 CPU 接口中的总线交换器与 DB 和 EB 连接,利用这个总线读/写,需要 2 个或 2 个以上周期。具体时间取决于外围电路的结构。

2.3　中央处理单元

对所有的 TMS320C54x 器件,其中央处理单元(CPU)是通用的,CPU 的基本组成如下。

- 40 位算术逻辑运算单元(ALU),用来完成算术运算和逻辑运算。
- 桶形移位寄存器,能把输入的数据进行 0～31 位的左移 1 或 0～16 位的右移。
- 乘法器/加法器单元,包括一个 17 bit×17 bit 乘法器和 1 个 40 bit 专用加法器,可以在单周期内完成一次乘法累加运算。
- 比较、选择和存储单元(CSSU),通过 CMPS 指令完成比较、选择和存储操作。
- 指数编码器,用于支持求指数的单周期指令 EXP 的专用硬件。
- 40 位累加器 A 和 B。
- CPU 状态和控制寄存器。

1. 累加器 A 和 B

CPU 有 2 个 40 位累加器 A 和 B,用来存放参加运算的数据或存放 ALU 运算的结果。

A 和 B 都分为如下 3 个部分,如图 2-2 所示。

累加器A	39~32	31~16	15~0
	AG	AH	AL
	保护位	高阶位	低阶位

累加器B	39~32	31~16	15~0
	BG	BH	BL
	保护位	高阶位	低阶位

图 2-2　累加器 A 和累加器 B

保护位作为数据计算时的数据位余量，防止运算时产生溢出。累加器 A 和 B 的差别仅在于累加器 A 的 31～16 位可以作为乘法器的一个输入。

2. CPU 状态和控制寄存器

TMS320C54x 有 3 个状态和控制寄存器，分别为状态寄存器 ST0、状态寄存器 ST1 和处理器方式状态寄存器 PMST。ST0 和 ST1 包括各种工作条件和工作方式的状态，PMST 包括存储器配置状态和控制信息。

(1) 状态寄存器 ST0(Status 0)

状态寄存器 ST0 反映寻址要求和计算的中间运行状态，寄存器各位的结构如图 2-3 所示。

15~13	12	11	10	9	8~0
ARP	TC	C	OVA	OVB	DP

图 2-3　状态寄存器 ST0 位结构

ARP(Assistant Register Pointer)：辅助寄存器指针，用于间接寻址单操作数的辅助寄存器的选择。当 DSP 处于标准运行方式时(CMPT＝0)，ARP＝0。

TC(Test/Control Signal)：测试/控制标志。用来保存 ALU 的测试位操作结果。同时，可由 TC 的状态(0 或 1)控制条件分支的转移和子程序调用，并判断返回是否执行。

C(Carry)：进位标志。加法进位时，置 1；减法借位时，清 0。当加法无进位或减法无借位的情况下，完成一次加法此标志位清 0，完成一次减法此标志位置 1。带 16 位移位操作的加法只能对它置位，而减法只能清零。此时，加减操作不影响进位标志。

OVA(Overflow of A)：累加器 A 的溢出标志。当 ALU 运算结果送入累加器 A 且溢出时，OVA 置 1。运算时一旦发生溢出，OVA 将一直保持置位状态，直到硬件复位或软件复位后方可解除此状态。

OVB(Overflow of B)：累加器 B 的溢出标志。当 ALU 运算结果送入累加器 B 且溢出时，OVB 置 1。运算时一旦发生溢出，OVB 将一直保持置位状态，直到硬件复位或软件复位后方可解除此状态。

DP(Data Memory Page Pointer)：数据存储器页指针。将 DP 的 9 位数作为高位与指令中的低 7 位作为低位结合，形成 16 位直接寻址方式下的数据存储器地址。这种寻址方式要求 ST1 中的编译方式位 CPL＝0，DP 字段可用 LD 指令加载一个短立即数或从数据存储器加载。

(2) 状态寄存器 ST1(Status 1)

状态寄存器 ST1 反映寻址要求、计算的初始状态设置、I/O 及中断控制。其位结构如图 2-4 所示。

15	14	13	12	11	10	9	8	7	6	5	4~0
BRAF	CPL	XF	HM	INTM	-	OVM	SXM	C16	FRCT	CMPT	ASM

图 2-4 状态寄存器 ST1 位结构

BRAF(Block Repeat Action Flag):块重复操作标志。此标志置位,表示正在执行块重复操作指令。此位清 0,表示没有进行块操作。

CPL(Compiler Mode):直接寻址编辑方式标志位,标志直接寻址选用何种指针。此位置位 CPL=1,表示选用堆栈指针(SP)的直接寻址方式。此位清零 CPL=0,表示选用页指针(DP)的直接寻址方式。

XF(External Flag):XF 引脚状态控制位,控制 XF 通用外部 I/O 引脚输出状态。可以通过软件置位或清 0 控制 XF 引脚输出电平。

HM(Hold Mode):芯片响应 HOLD 信号时,CPU 保持工作方式标志。此位置位,表示 CPU 暂停内部操作。此位清 0,标志 CPU 从内部处理器取指继续执行内部操作;外部地址、数据线挂起,呈高阻态。

INTM(Interrupt Mode):中断方式控制位。此位置位(INTM=1),关闭所有可屏蔽中断。此位清 0(INTM=0),开放所有可屏蔽中断。此位不影响不可屏蔽中断 RS 或 NMI,不能用存储器操作设置。

-:保留位。

OVM(Overflow Mode):溢出方式控制位,用以确定溢出时累加器内容的加载方式。此位置位时,若 ALU 运算发生正数溢出,目的累加器置成正的最大值(007FFFFFFFH);若发生负数溢出,置成负的最大值(FF80000000H)。此位清 0 时,直接加载实际运算结果。此位可由指令 SSBX 和 RSBX 置位或清 0。

SXM(Sign-extension Mode):符号位扩展方式控制位,用以确定符号位是否扩展。此位置位(SXM=1),表明数据进入 ALU 之前进行符号位扩展。此位清 0(SXM=0),表示数据进入 ALU 之前符号位禁止扩展。此位可由指令 SSBX 和 RSBX 置位或清 0。

C16(Double-precision Arithmetic Mode):双 16 位/双精度算术运算方式控制位。此位置位(C16=1),表示 ALU 工作于双 16 位算术运算方式。此位清 0(C16=0),表示 ALU 工作于双精度算术运算方式。

FRCT(Fraction Mode):小数方式控制位。此位置位(FRCT=1),乘法器输出自动左移 1 位,消去多余的符号位。

CMPT(Compatibility Mode):间接寻址辅助寄存器修正方式控制位。此位置位(CMPT=1),除 AR0 外,当间接寻址单个数据存储器操作数时,可以通过修正 ARP 内容,改变辅助寄存器 AR1~AR7 的值来实现。此位清 0(CMPT=0),ARP 必须清 0,且不能修正。

ASM(Accumulate Shift Mode):累加器移位方式控制位。5 位字段的 ASM 规定从 -16~15 的位移位(2 的补码),可以从数据存储器或 LD 指令(短立即数)对 ASM 加载。

(3) 处理器方式状态寄存器 PMST(Processor Mode Status)

PMST 主要设定并控制处理器的工作方式,反映处理器的工作状态。其各位的定义如图 2-5 所示。

IPTR(Interrupt Vector Pointer):中断向量指针。IPTR 9 位字段(15~7)是中断向量驻留的 128 字程序存储区地址。自举加载时,可将中断向量重新映射至 RAM。复位时,这 9 位全置成 1,复位向量总是驻留在程序存储空间的地址 FF80H。Reset 复位指令不影响这个字段的内容。

15~7	6	5	4	3	2	1	0
IPTR	MP/$\overline{\text{MC}}$	OVLY	AVIS	DROM	CLKOFF	SMUL+	SST+

图 2-5　处理器方式状态寄存器 PMST 位结构

MP/$\overline{\text{MC}}$(Micro Processor/Micro Computer):微处理器或微计算机工作方式选择。这一位的信息可由硬件连接方式决定,也可以由软件置位或清 0 选择,但复位时由硬件引脚连接方式决定。芯片复位时,CPU 采样此引脚 MP/$\overline{\text{MC}}$ 的电平,当电平为高时,芯片工作于微处理器状态,不能寻址片内的程序存储器(片内 ROM);当电平为低时,芯片工作于微计算机状态,可以寻址片内程序存储器。

OVLY(Overlay):RAM 重复占位标志。若此位置位(OVLY=1),允许片内双寻址数据 RAM 块映射到程序空间,即将片上 RAM 作为程序空间寻址。数据 0 页(0~7FH)为特殊寄存器空间,不能映射。若此位清 0(OVLY=0),则片上 RAM 只能作为数据空间寻址。

AVIS(Address Visibility):地址可见控制位。此位置位(AVIS=1),允许在地址引脚上看到内部程序空间的地址内容。此位清 0 时(AVIS=0),外部地址线上的信号不能随内部程序地址一起变化,控制线和数据线不受影响,地址总线为总线上的最后一个地址。

DROM(Data ROM):数据 ROM 位,用来控制片内 ROM 是否映射到数据空间。DROM=0,片内 ROM 不能映射到数据空间;DROM=1,片内 ROM 可以映射到数据空间。

CLKOFF(Clock Off):时钟关断位。CLKOFF=1,CLKOUT 引脚禁止输出,保持为高电平;CLKOFF=0,CLKOUT 引脚输出时钟脉冲。

SMUL(Saturation on Multiplication):乘法饱和方式位。SMUL=1,使用多项式加 MAC 或多项式减 MAS 指令进行累加时,对乘法结果进行饱和处理,而且,只有当 OVM=1,FRCT=1 时,SMUL 位才起作用。只有 LP 器件有此状态位,其他器件此位均为保留位。

SST(Saturation on Store):存储饱和位。SST=1,对存储前的累加器进行饱和处理。饱和处理是在移位操作执行完成之后进行的。

数据存储前的饱和处理步骤如下:

- 根据指令要求对累加器的 40 位数据进行移位;
- 将 40 位数据饱和处理成 32 位数据,饱和处理与 SXM 位有关。如果 SXM=0,数据为正,如果数值大于 7FFFFFFFH,则饱和处理的结果为 7FFFFFFFH;如果 SXM=1,且移位后,数值大于 7FFFFFFFH,则饱和处理的结果为 7FFFFFFFH;若移位后数值小于 80000000H,则生成 80000000H;
- 按指令要求操作数据;
- 在指令执行期间,累加器的内容不变。

2.4　存储器和 I/O 空间

TMS320C54x DSP 的存储器空间可以分成 3 个可单独选择的空间,即程序、数据和 I/O 空间。这 3 个空间的总地址范围为 192 KB(C548 除外)。

程序存储器空间:64 KB,包括程序指令和程序中所需的常数表格。

数据存储器空间:64 KB,用于存储需要程序处理的数据或程序处理后的结果。

I/O 空间:64 KB,用于与外部存储器映射的外设接口,也可用于扩展外部数据存储空间。

1. 存储器空间的分配

所有 TMS320C54x 芯片都包括随机访问存储器 RAM 和只读存储器 ROM。RAM 可分为两种:双访问 RAM(DARAM)和单访问 RAM(SARAM)。片内 DARAM 分成若干块,每一个块可以在一个机器周期内读两次或读一次写一次;SARAM 也分成若干块,在一个机器周期内只能读一次或写一次。

C54x 所有内部和外部程序存储器及内部和外部数据存储器分别统一编址。内部 RAM 总是映射到数据存储空间,但也可映射到程序存储空间。根据用户的设置,ROM 可以灵活地映射到程序存储空间,同时也可以部分地映射到数据存储空间。以 C5402 为例给出了数据和程序存储区图,如图 2-6 所示。

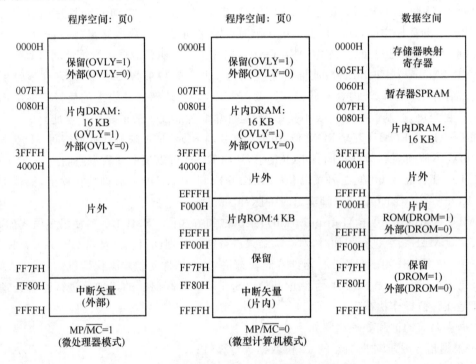

图 2-6　TMS320VC5402 存储器分配图

从图 2-6 可以看出,C54x 的存储器结构与处理器工作方式状态寄存器(PMST)的设置有关,用户可以通过 PMST 中的 3 个控制位(MP/$\overline{\text{MC}}$、OYLY 和 DROM)来配置存储器空间。

TMS320C54x 在处理器方式状态寄存器 PMST 有 3 个设置位,用以配置片内存储器。

MP/$\overline{\text{MC}}$位:如果该位清 0,为微型计算机工作模式,片内 ROM 安排到程序空间,程序从片内 ROM 开始执行;如果该位置 1,为微处理器工作模式,片内 ROM 不安排到程序空间,程序从片外 ROM 开始执行。

OVLY 位:如果该位置 1,则片内 RAM 安排到程序和数据空间;如果该位清 0,则片内 RAM 只安排到数据存储空间。

DROM 位:如果该位置 1,则片内 ROM 的一部分安排在数据存储器空间;如果该位清 0,则片内 ROM 不安排到数据空间。

2. 程序存储器

程序存储空间用来存放要执行的指令和执行中所需的系数表。C5402 共有 20 条地址线,可寻址 1 MB 的外部程序存储器。它的内部 ROM 和 DARAM 可通过软件映射到程序空间。当存储单元映射到程序空间时,CPU 可自动地按程序存储器对它们进行寻址。如果程序地址生成器(PAGEN)产生的地址处于外部存储器,CPU 可自动地对外部存储器寻址。

(1) 程序存储空间的配置

程序存储空间可通过 PMST 寄存器的 MP/$\overline{\text{MC}}$ 和 OVLY 控制位来设置内部存储器的映射地址,如图 2-6 所示。

MP/$\overline{\text{MC}}$ 控制位用来决定程序存储空间是否使用内部 ROM:

当 MP/$\overline{\text{MC}}$=0 时,4000H～EFFFH 程序存储空间定义为外部存储器,而 FF00H～FFFFH 程序空间定义内部 ROM,其工作方式为微型计算机模式;

当 MP/$\overline{\text{MC}}$=1 时,4000H～FFFFH 程序存储空间全部定义为外部存储器。其工作方式为微处理器模式。

OVLY 控制位用来决定程序存储空间是否使用内部 RAM :

当 OVLY=0 时,0000H～3FFFH 全部定义为外部程序存储空间,程序存储空间不使用内部 RAM,此时内部 RAM 只作为数据存储器使用;

当 OVLY=1 时,0000H～007FH 保留,程序无法占用。0080H～3FFFH 定义为内部 DARAM。即内部 RAM 同时被映射到程序存储空间和数据存储空间。

(2) 内部 ROM

不同型号的 DSP 芯片其内部 ROM 的配置有所不同,其容量在 2～48 KB 之间,C5402 有 4 KB 的内部 ROM。当 MP/$\overline{\text{MC}}$=0,这 4 KB 的 ROM 被映射到程序空间的地址范围为 F000H～FFFFH,其中高 2 KB ROM 中的内容是由 TI 公司定义的,这 2 KB 程序空间 (F8000H～FFFFH)中包括如下内容:

F000H～F7FFH	保留;
F800H～FBFFH	引导程序,上电复位后,DSP 执行此引导程序,将用户代码从外部读入,拼装好后放在用户指定的地址;
FC00H～FCFFH	μ 律扩展表;
FD00H～FDFFH	A 律扩展表;
FE00H～FCFFH	sine 表;
FF00H～FF7FH	保留;
FF80H～FFFFH	中断矢量表,FF80H 是复位向量,DSP 复位后,首先执行 FF80H 的指令。

当处理器复位时,CPU 从 FF80H 单元(通常存放转移指令→自举加载程序)开始执行,自举加载程序可以将用户代码调入到程序存储器的任何一个位置。

3. 数据存储器

C54x 的数据存储器空间为 64 KB。可以通过设置寄存器 PMST 中的 DROM 位,将片内 ROM 配置在数据存储器空间,这样可以用指令将片内 ROM 作为数据存储器中的数据 ROM 来读取。

(1) 数据存储空间的配置

图 2-6 给出了 TMS320VC5402 数据存储空间的结构,0000H～005FH 为存储器映射寄存

器(MMR)空间,0060H～007FH 为暂存寄存器空间,0080H～3FFFH 为片内 DARAM 数据存储空间,4000H～EFFFH 为外部数据存储空间,F000H～FFFFH 为由 DROM 设定的数据存储空间。DROM 控制位用来决定数据存储空间是否使用内部 ROM,当 DROM=1 时,F000H～FEFFH定义内部 ROM,FF00～FFFFH 保留。数据存储器可以驻留在片内或映射到片外 RAM 中。当处理器发出的数据地址处于片内数据存储空间范围内时,可直接对片内数据存储器寻址。当数据存储器地址产生器(DAGEN)发出的地址不在片内数据存储空间范围内,处理器就会自动地对外部数据存储器寻址。

(2) 存储器映射寄存器

在 C54x 的数据存储空间中,前 80H 个单元(数据页 0)包含有的 CPU 寄存器和片内外设寄存器。这些寄存器全部映射到数据存储空间,所以也称作存储器映射寄存器(MMR)。采用寄存器映射的方法,可以简化 CPU 和片内外设的访问方式,使程序对寄存器的存取、累加器与其他寄存器之间的数据交换变得十分方便。

C5402 的 CPU 寄存器共有 27 个,映射到数据存储空间的地址为 0000H～005FH。主要用于程序的运算处理和寻访方式的选择及设定。CPU 访问这些寄存器时,不需要插入等待时间。

片内外设寄存器映射在数据存储空间的 20H～5FH,主要用来控制片内外设电路的状态,可作为外设电路的数据存储器。包括串行接口通信控制寄存器组、定时器定时控制寄存器组、时钟周期设定寄存器组等。对它们寻址时,需要 2 个机器周期。

• 有几个寄存器未映射到存储器地址上,它们是:

• 程序计数器 PC,又称 PC 指针;

主机接口寄存器 HPIA 和 HPID,只能被主机访问,而无法被 DSP 访问。

表 2-2 列出了常用的存储器映射寄存器。

表 2-2　存储器映射寄存器

名　称	地　址	说　明
IMR	0	中断屏蔽寄存器
IFR	1	中断标志寄存器
ST0	6	状态寄存器 0
ST1	7	状态寄存器 1
AL	8	累加器 A 低 16 位
AH	9	累加器 A 高 16 位
AG	0AH	累加器 A 最高 8 位
BL	0BH	累加器 B 低 16 位
BH	0CH	累加器 B 高 16 位
BG	0DH	累加器 B 最高 8 位
TREG	0EH	暂存器
TRN	0FH	状态暂存寄存器
AR0～7	10H～17H	辅助寄存器
SP	18H	堆栈指针

续 表

名　称	地址	说　明
BK	19H	循环缓冲大小
BRC	1AH	块重复计数器
RSA	1BH	块重复起始地址寄存器
REA	1CH	块重复终止地址寄存器
PMST	1DH	处理器方式状态寄存器
XPC	1EH	扩展程序计数器
TIM	24H	定时器 0 寄存器
PRD	25H	定时器 0 周期寄存器
TCR	26H	定时器 0 控制寄存器
SWWSR	28H	软件等待状态寄存器
BSCR	29H	分区转换控制寄存器
SWCR	2BH	软件等待状态控制寄存器
HPIC	2CH	主机接口控制寄存器
TIM1	30H	定时器 1 寄存器
PRD1	31H	定时器 1 周期寄存器
TCR1	32H	定时器 1 控制寄存器
GPIOCR	3CH	通用 I/O 控制寄存器,控制主机接口和 TOUT1
GPIOSR	3DH	通用 I/O 状态寄存器,主机接口作通用 I/O 时有用
CLKMD	58H	时钟方式寄存器

4. I/O 存储器

C54x 除了程序和数据存储器空间外,还有一个 I/O 存储器空间。它是一个 64 KB 的地址空间(0000H ～ FFFFH),都在片外。可以用 2 条指令(输入指令 PORTR 和输出指令 PORTW)对 I/O 空间寻址。

2.5　硬件复位操作

复位($\overline{\text{RS}}$)是一个不可屏蔽的外部中断,复位后 VC5402 将进入一个已知状态。正常操作是上电后 $\overline{\text{RS}}$ 应至少保持 5 个时钟周期的低电平,以确保数据、地址和控制线的正确配置。复位后($\overline{\text{RS}}$变高电平),处理器从 FF80H 处取指,并开始执行程序。

复位期间,处理器进行如下操作:

- PMST 中的中断向量指针 IPTR 设置成 1FFH;
- PMST 中的 MP/$\overline{\text{MC}}$位设置成与引脚 MP/$\overline{\text{MC}}$状态相同的值;
- PC 设置为 FF80H;
- 无论 MP/$\overline{\text{MC}}$状态如何,将 FF80H 加到地址总线;
- 数据总线变为高阻状态,控制线处于无效状态;
- 产生$\overline{\text{IACK}}$信号;
- ST1 中的中断方式位 INTM 置 1,关闭所有可屏蔽中断;

- 中断标志寄存器 IFR 清 0；
- 产生同步复位信号(SRESET)，初始化外围电路。
- 置下列状态位为初始值：

ARP＝0	CLKOFF＝0	HM＝0	SXM＝1	ASM＝0	CMPT＝0
INTM＝1	TC＝1	AVIS＝0	CPL＝0	OVA＝0	OVB＝0
BRAF＝0	DP＝0	XF＝1	C＝1	C16＝0	OVM＝0
FRCT＝0	DROM＝0	OVLY＝0			

复位时，由于 SP 没有初始化，因此用户必须对 SP 进行设置。如果 MP/$\overline{\text{MC}}$＝0，程序从片内 ROM 开始执行，否则，从片外程序存储器开始执行。

2.6 TMS320VC5402 引脚及说明

TMS320VC5402 引脚如图 2-7 所示，其引脚说明如表 2-3 所示。

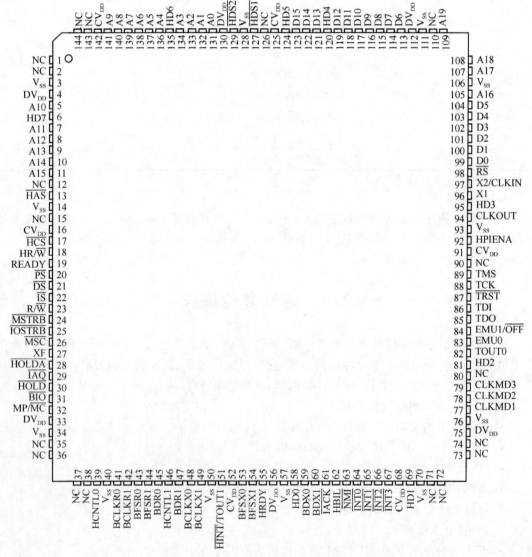

图 2-7 TMS320VC5402 引脚

表 2-3　TMS320VC5402 引脚说明

名　称	类	说　明
数据信号		
A0～A19	O/Z	地址总线,只有对程序片外空间寻址时,A16～A19 才有效。数据空间和 I/O 空间仅用 A0～A15。当 DSP 进入 $\overline{HOLD}$ 模式或 $\overline{OFF}=0$ 时,地址线变为高阻
D0～D15	I/O/Z	DSP 和片外程序、数据、I/O 空间传数时,会置这些数据线为输入(读)或输出(写);不进行片外操作时,$\overline{RS}$ 有效,$\overline{HOLD}$ 模式及 $\overline{OFF}=0$ 都置数据线为高阻
初始化、中断和复位信号		
$\overline{IACK}$	O/Z	当 DSP 响应一个中断时,此信号为低,$\overline{OFF}=0$ 时,变为高阻
$\overline{INT0～3}$	I	外部中断,可屏蔽
$\overline{NMI}$	I	不可屏蔽中断
MP/$\overline{MC}$	I	DSP 在复位时采样此引脚电平,若为低,则为微机模式,DSP 将片内 4KROM 映射到程序地址高端;若为高,为微处理器模式,DSP 不进行这种映射,PMST 寄存器记录了这 1 位且可被修改
$\overline{RS}$	I	复位,DSP 终止当前操作,从地址 FF80H 开始执行,影响多种寄存器和状态位
多处理器信号		
$\overline{BIO}$	I	根据此信号电平,DSP 可以进行条件跳转、条件执行等操作
XF	O/Z	标志输出,DSP 用软件可改变此值,$\overline{OFF}=0$ 时为高阻
存储器控制信号		
$\overline{DS}$	O/Z	对数据空间片外访问时为低,否则为高,$\overline{OFF}=0$ 时为高阻
$\overline{PS}$	O/Z	对程序空间片外访问时为低,否则为高,$\overline{OFF}=0$ 时为高阻
$\overline{IS}$	O/Z	对 I/O 空间片外访问时为低,否则为高,$\overline{OFF}=0$ 时为高阻
$\overline{MSTRB}$	O/Z	对片外的程序空间、数据空间访问时为低,否则为高,$\overline{OFF}=0$ 时为高阻
READY	I	数据准备好,表明不再需要硬件等待,DSP 可以结束当前片外访问,若 READY 为低,则 DSP 将继续本次访问,在下一个时钟重新检测 READY 引脚
$\overline{IOSTRB}$	O/Z	DSP 进行 I/O 访问时为低,但其低电平持续时间比 $\overline{IS}$ 短
R/$\overline{W}$	O/Z	为高表示 DSP 从片外读,为低表示向片外写,平时总为高,$\overline{OFF}=0$ 时为高阻
$\overline{HOLD}$	I	用于请求 DSP 进入 $\overline{HOLD}$ 模式,DSP 若接受这一请求,将放弃对片外访问总线的控制权,即令其引脚上的 A0～A19、D0～D15、$\overline{DS}$、$\overline{PS}$、$\overline{IS}$、$\overline{MSTRB}$、$\overline{IOSTRB}$、R/$\overline{W}$ 等信号为高阻
$\overline{HOLDA}$	O/Z	DSP 接收 $\overline{HOLD}$ 信号并响应后,置此引脚为低,并进入 HOLD 模式
$\overline{MSC}$	O/Z	在软件等待期内,此引脚为低,平时为高,$\overline{OFF}=0$ 时为高阻
$\overline{IAQ}$	O/Z	当指令地址出现在地址线上时为低,$\overline{OFF}=0$ 时为高阻
振荡器/定时器信号		
CLKOUT	O/Z	主时钟输出,$\overline{OFF}=0$ 为高阻
CLKMD1～3	I	时钟模式选择,决定 DSP 内部主时钟如何由外部时钟倍频或分频而得到
X2/CLKIN	I	时钟输入,也可和 X1 一起产生时钟
X1	O	时钟输出,与 X2 一起加上外接晶体、电容产生时钟

名　称	类	说　明
TOUT0	O/Z	定时器 0 计数至 0 时,在此引脚输出一个脉冲,脉宽为一个主时钟周期
TOUT1/ HINT	O/Z	定时器 1 计数至 0 时,在此引脚输出一个脉冲,脉宽为一个主时钟周期,但此脚另一作用为主机接口中断信号 HINT,仅在主机接口禁止时才用于定时器 1 的输出
串行接口信号		
BCLKR0～1	I/O/Z	串行接口 0/1 的数据接收时钟,复位后默认为输入
BDR0～1	I	串行接口 0/1 数据接收端
BFSR0～1	I/O/Z	串行接口 0/1 数据接收帧同步信号,复位后默认为输入
BCLKX0～1	I/O/Z	串行接口 0/1 数据发送时钟,复位后默认为输入
BDX0～1	O/Z	串行接口 0/1 数据发送端
BFSX0～1	I/O/Z	串行接口 0/1 数据发送帧同步信号,复位后默认为输入
主机接口(HPI)信号		
HD0～7	I/O/Z	主机接口(HPI)的 8 位数据线,主机是一个外部控制器,通过 DSP 的主机接口与 DSP 交换数据。当 HPI 被关闭时,HD0～7 为可编程的通用 I/O 口,复位时,DSP 采样 HPIENA 以决定 HPI 是否使能
HCNTL0～1	I	主机利用它们来选择 DSP 的 3 个 HPI 寄存器之一进行访问,HPIENA＝0 时这两个信号带有内部上拉电阻
HBIL	I	字节标识,用以表明访问的是 16 位数据的第 1 个或第 2 个字节
$\overline{\text{HCS}}$	I	主机片选,当为低时表示主机访问在进行
$\overline{\text{HDS1～2}}$	I	数据选通,为低时表示主机访问在进行
$\overline{\text{HAS}}$	I	地址选通,主机利用此信号将地址线锁存到 HPI 的地址寄存器中
HR/W	I	为高时表示主机读数,为低时表示主机写数
HRDY	O/Z	DSP 用于通知主机下一次访问是否可以进行
TOUT1/$\overline{\text{HINT}}$	O/Z	DSP 通过软件改变此信号以向主机发出中断请求,与 TOUT1 复用引脚
HPIENA	I	复位时,DSP 检测到此引脚为高,则 HPI 使能,若为低则 HPI 功能被禁止,它内部带有上拉电阻,若悬空不接则认为是高
电源引脚		
CV_{DD}	PWR	给内核提供 1.8 V 电源
DV_{DD}	PWR	给 I/O 提供 3.3 V 电源
V_{SS}	GND	地
IEEE 1149.1 测试引脚		
TCK	I	JTAG 测试时钟
TDI	I	JTAG 测试数据输入,有内部上拉电阻
TDO	O/Z	JTAG 测试数据输出,有内部上拉电阻
TMS	I	JTAG 测试模式选择,有内部上拉电阻
$\overline{\text{TRST}}$	I	JTAG 测试复位,有内部上拉电阻
NC		未用引脚
EMU0	I/O/Z	仿真器引脚
EMU1/$\overline{\text{OFF}}$	I/O/Z	仿真器引脚

本 章 小 结

本章讨论了 TMS320C54x 芯片的硬件结构,重点对芯片的内部总线结构、中央处理器 CPU、存储空间结构、系统控制以及外部总线进行了介绍。由于 TMS320C54x 完善的体系结构,并配备了功能强大的指令系统,使得芯片处理速度快、适应性强。同时,芯片采用了先进的集成电路技术以及模块化设计,使得芯片功耗小、成本低,在移动通信等实时嵌入系统中得到了广泛的应用。

思 考 题

1. TMS320C54x DSP 芯片的 CPU 主要由哪几个部分组成?

2. 简述 TMS320VC5402 DSP 的功能结构和主要特点。

3. TMS320 C54x DSP 芯片有几个状态和控制寄存器? 它们的功能是什么?

4. 处理器模式状态寄存器(PMST)中的 MP/$\overline{\text{MC}}$、OVLY 和 DROM 是如何影响 DSP 存储器结构的?

5. TMS320C54x 片内存储器一般包括哪些种类?

第3章 TMS320C54x 指令系统

TMS320C54x DSP 的硬件有着独特的优点：采用多总线实现并行机制，极大地加快了处理的速度；此外，独立的乘法器、输入与输出移位器、辅助寄存器算术单元以及堆栈等硬件模块为实现丰富的寻址方式，构成强大的指令系统提供了物质基础。表 3-1 列出了寻址指令中用到的缩写符号及其含义。

表 3-1 寻址指令中用到的缩写符号及其含义

缩写符号	含 义
Smem	16 位单数据存储器操作数
Xmem	在双操作数指令及某些单操作数指令中所用的 16 位双数据存储器操作数
Ymem	在双操作数指令中所用的 16 位双数据存储器操作数
dmad	16 位立即数数据存储器地址($0 \leqslant$ dmad $\leqslant 65\,536$)
pmad	16 位立即数程序存储器地址($0 \leqslant$ pmad $\leqslant 65\,536$)
PA	16 位立即数 I/O 口地址($0 \leqslant$ PA $\leqslant 65\,536$)
src	源累加器(A 或 B)
dst	目的累加器(A 或 B)
lk	16 位长立即数

3.1 寻址方式

在介绍具体指令之前，首先讨论 DSP 的寻址方式。指令的寻址方式是指当硬件执行指令时，寻找指令所在的参与运算的操作数的方法。无论是单片机还是 DSP，其基本任务都是：从某个地方取数，然后运算，再将结果放到某个地方。因此，在指令系统中如何表达数据的地址是指令系统的核心。

TMS320C54x DSP 的寻址方式分为 7 种：立即数寻址、绝对寻址、累加器寻址、直接寻址、间接寻址、存储器映射寄存器寻址和堆栈寻址。

3.1.1 立即数寻址

立即数寻址，即需要寻找的数就在指令里，不需要到存储器中去找。一条指令中可对两种立即数编码，一种是短立即数(3、5、8 或 9 位)，另一种是 16 位的长立即数。短立即数指令编码为 1 个字长，16 位立即数的指令编码为 2 个字长。立即数寻址指令中在数字或符号前加一

个"＃"号来表示立即数,例如:

　　LD ＃1234,A ;A = 1234

3.1.2　绝对寻址

　　绝对寻址有 4 种类型:

　　(1) 数据存储器地址(dmad)寻址;

　　(2) 程序存储器地址(pmad)寻址;

　　(3) 端口地址(PA)寻址;

　　(4) ＊(lk)寻址(适用于支持单数据存储器操作数的指令)。

　　绝对寻址的代码为 16 位,所以包含有绝对寻址的指令至少有 2 个字长。

　　1. 数据存储器地址寻址

　　数据存储器地址(dmad)寻址是用程序标号或一个表示 16 位地址的数据来确定指令所需要的数据空间的地址。例如:

　　MVKD　DATA1, ＊AR2

　　表示把数据空间中 DATA1 标注的地址里的数复制到由 AR2 指向的数据存储单元中去。这里符号 DATA1 是程序中的标号或已经定义的符号常数,代表数据存储单元的地址。又如:

　　MVKD 1000H, ＊AR5

　　表示将数据存储器 1000H 单元的数据复制到由 AR5 所指的数据存储单元中。

　　2. 程序存储器地址寻址

　　程序存储器地址(pmad)寻址是用一个符号或一个具体的数来确定程序存储器中的一个地址。例如:

　　MVPD　TABLE1, ＊AR2

　　表示把用 TABLE1 标注的程序存储器单元中的一个字复制到 AR2 所指向的数据存储器单元中去。在这个例子中,TABLE1 所标注的地址就是一个 pmad 值。程序存储器地址寻址基本上和数据存储器地址寻址一样,区别仅在于空间不同。

　　3. 端口寻址

　　端口(PA)寻址使用一个符号或一个常数来确定外部 I/O 口地址。例如,把一个数从端口地址为 F2F0 的 I/O 口复制到 AR5 指向的数据存储单元。例如:

　　PORTR　F2F0, ＊AR5

在这个例子中,F2F0 指的是端口地址。实际上端口地址寻址只涉及端口读(PORTR)和端口写(PORTW)2 条指令。

　　4. ＊(lk)寻址

　　长立即数 ＊(lk)寻址是用一个符号或一个常数来确定数据存储器中的一个地址。例如,把地址为 2000H 的数据单元中的数装载到累加器 A 中。

　　LD　＊(2000H),A

　　＊(lk)寻址的语法允许所有使用单数据存储器(Smem)寻址的指令,去访问数据空间的任意单元而不改变数据页(DP)的值,也不用对 ARx 进行初始化。当采用绝对地址寻址方式时,指令长度将在原来的基础上增加一个字。值得注意的是,使用 ＊(lk)寻址方式的指令不能与循环指令(RPT、RPTZ)一起使用。

3.1.3 累加器寻址

累加器寻址是用累加器中的数作为一个地址。这种寻址方式可用来对存放数据的程序存储器寻址。只有 2 条指令 PEADA 和 WRITA 可以采用累加器寻址。下面 2 条指令就是采用累加器寻址的：

READA Smem

WRITA Smem

READA 是把累加器 A 所确定的程序存储单元中的内容传送到 Smem 操作数所确定的数据存储器单元中。WRITA 是把 Smem 操作数所确定的数据单元中的内容传送到累加器 A 确定的程序寄存器单元中去。

上述 2 条指令重复执行,累加器 A 可以自动增减。

3.1.4 直接寻址

直接寻址是一种常用的寻址方式,直接寻址是指在指令中包含有数据存储器地址的低 7 位。这 7 位作为偏移地址,与基地址(数据页指针 DP 或堆栈指针 SP)一同构成 16 位数据存储器地址。利用这种寻址方式,可以在不改变数据页指针 DP 或堆栈指针 SP 内容的情况下,随机地寻址 128 个存储单元中的任何一个单元。直接寻址的优点是每条指令只需要一个字。

数据页指针 DP 和堆栈指针 SP 都可以用来与数据存储器地址低 7 位结合产生一个实际地址。状态寄存器 ST1 中的 CPL 控制这种寻址方式的指针选择。

CPL=0(通过 RSBX CPL 指令可以使 CPL=0),选择数据页指针寄存器 DP 中的 9 位为高位,与指令中指定的数据存储器的低 7 位为低位相连构成 16 位数据存储单元的地址,如图 3-1 所示。

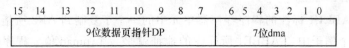

图 3-1　DP 作为基地址的直接寻址方式

CPL=1(通过 SSBX CPL 指令可以使 CPL=1),选择堆栈指针 SP 的 16 位地址与指令中指定的数据存储器的低 7 位相加构成 16 位数据存储单元的地址,如图 3-2 所示。

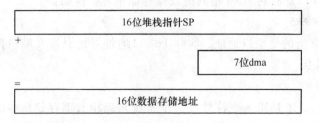

图 3-2　SP 作为基地址的直接寻址方式

直接寻址的书写格式为在变量前加一个@,或者用一个数设定偏移地址值。例如：

RSBX CPL　　　;CPL＝0,DP 形成高 9 位地址

LD　@X,A　　　;以 DP 中的 9 位为高位,@X 的 7 位为低位相连构成 16 位地址,其中的数

　　　　　　　　据放入累加器 A 中

编程时容易将直接寻址、立即寻址和绝对寻址混淆,从而得不到想要的结果,例如:

SSBX CPL 　　　;CPL=1,页指针由 SP 指定

LD　12H,A

这是一条直接寻址指令,由 12H 设定偏移地址,页指针由 SP 指定,设 SP=0100H 时,表示将数据空间 0100H+12H=0112H 单元的内容装入累加器 A 中。

如果要将一个立即数 12H 装入累加器 A 中,立即数前一定要加"♯"号,应写成:

LD　♯12H,A

如果要将地址 12H 中的内容装入累加器 A 中,应使用长立即数 *(lk)寻址,应写成:

LD　*(12H),A

使用直接寻址方式时,要特别注意当前数据页的值。第一,DP 在复位时并没有初始化,所以在程序之前应注意初始化 DP;第二,若有一程序段中的所有指令都访问同一个数据页,只需在该程序段前装载 DP 一次;第三,若在程序中需访问不同的数据页,则每当访问新数据页前,都需修改 DP 值,以确保使用正确的数据页。

3.1.5　间接寻址

间接寻址的能力在很大程度上反映了指令系统的灵活性和方便性。DSP 控制器内含 8 个辅助寄存器(AR0~AR7)和辅助寄存器算术单元(ARAU),专用于间接寻址的操作,不但提供了灵活而强大的间接寻址能力,而且使得间接寻址的速度非常快。

1. 单操作数间接寻址

表 3-2 列出了单操作数间接寻址的各种形式。

表 3-2　单操作数间接寻址形式

语　法	表　达　式	注　释
*ARx	addr=ARx	以 ARx 内容为地址,ARx 内容不变
*ARx−	addr=ARx ARx=ARx−1	以 ARx 内容为地址,访问后 ARx 减 1[①]
*ARx+	addr=ARx ARx=ARx+1	以 ARx 内容为地址,访问后 ARx 增 1[①]
*+ARx	addr=ARx+1 ARx=ARx+1	ARx 内容先增 1,再寻址[①②]
*ARx−0B	addr=ARx ARx=B(ARx−AR0)	寻址后,ARx 内容按位反序减去 AR0 的内容
*ARx−0	addr=ARx ARx=ARx−AR0	寻址后,ARx 内容减去 AR0 的内容
*ARx+0	addr=ARx ARx=ARx+AR0	寻址后,ARx 内容加上 AR0 的内容
*ARx+0B	addr=ARx ARx=B(ARx+AR0)	寻址后,ARx 内容按位反序加上 AR0 的内容
*ARx−%	addr=ARx ARx=circ(ARx−1)	寻址后,ARx 内容按循环寻址方式减 1[①]
*ARx−0%	addr=ARx ARx=circ(ARx−AR0)	寻址后,ARx 内容按循环寻址方式减 AR0 的内容

语 法	表 达 式	注 释
* ARx+%	addr=ARx ARx=circ(ARx+1)	寻址后,ARx 内容按循环寻址方式加 1[①]
* ARx+0%	addr=ARx ARx=circ(ARx+AR0)	寻址后,ARx 内容按循环寻址方式加上 AR0 的内容
* ARx(1k)	addr=ARx+1k ARx=ARx	以 16 位符号数 1k 和 ARx 之和作地址去寻址,但 ARx 仍维持原值[③]
* +ARx(1k)	addr=ARx+1k ARx=ARx+1k	以 16 位符号数 1k 加 ARx,再以 ARx 内容寻址[③]
* +ARx(1k)%	addr=circ(ARx+1k) ARx=circ(ARx+1k)	以 16 位符号数 1k 按循环寻址方式加到 ARx 中,再以 ARx 内容寻址[③]
* (1k)	addr=1k	16 位无符号数 1k 作为地址寻址(也属于绝对寻址)[③]

注①:访问 16 位字时增量/减量为 1,32 位字时增量/减量为 2。

注②:这种方式只能用于写操作指令。

注③:这种方式不允许对存储器映射寄存器寻址。

间接寻址可以完成增量、减量、变址、循环等常规寻址要求外,还可以完成数字信号处理算法常用的寻址功能,下面介绍表 3-2 中所涉及的用于数字信号处理算法的两种常用的寻址方式。

(1) 位码倒序寻址

位码倒序寻址常用于 FFT 算法中。这种寻址方式可以大大提高程序执行速度和存储器的利用率。使用时,AR0 存放的整数 N 是 FFT 点数的一半,另一个辅助寄存器指向存放数据的单元。位码倒序寻址将 AR0 加到辅助寄存器中,地址以位码倒序方式产生。也就是说,两者相加时,进位是从左向右反向传送的,而不是通常加法中的从右向左。例如,1010 与 1100 的位码倒序相加结果为 0001,即

$$\begin{array}{r} 1010 \\ + \ 1100 \\ \hline 0001 \end{array}$$

以传送 16 点蝶形 FFT 运算为例,FFT 变换前按顺序排列的数据经蝶形变换后,各存储器中得到的变换结果的地址二进制表示顺序与原存储器的数据排列顺序相反。例如,0000→0000,0001→1000,0010→0100,…,1110→0111,1111→1111。其运算结果的次序为 X(0),X(8),X(4),…,X(15),如表 3-3 所示。

表 3-3　位码倒序寻址

存储单元地址	变换结果	位码倒序	位码倒序寻址结果
0000	X(0)	0000	X(0)
0001	X(8)	1000	X(1)
0010	X(4)	0100	X(2)
0011	X(12)	1100	X(3)
0100	X(2)	0010	X(4)
0101	X(10)	1010	X(5)

存储单元地址	变换结果	位码倒序	位码倒序寻址结果
0110	X(6)	0110	X(6)
0111	X(14)	1110	X(7)
1000	X(1)	0001	X(8)
1001	X(9)	1001	X(9)
1010	X(5)	0101	X(10)
1011	X(13)	1101	X(11)
1100	X(3)	0011	X(12)
1101	X(11)	1011	X(13)
1110	X(7)	0111	X(14)
1111	X(15)	1111	X(15)

由表 3-3 可见,利用位倒序寻址后,运算结果就不会出现上述倒序的问题了。

设 FFT 长度 $N=16$,则 AR0 的值为 8 即 $(00001000)_2$,AR2 中存放数据存储器的基地址 $(01100000)_2$,位倒序方式读入数据情况如下:

* AR2 + 0B;　　AR2 = 01100000(第 0 个值)

* AR2 + 0B;　　AR2 = 01101000(第 1 个值)

* AR2 + 0B;　　AR2 = 01100100(第 2 个值)

* AR2 + 0B;　　AR2 = 01101100(第 3 个值)

* AR2 + 0B;　　AR2 = 01100010(第 4 个值)

* AR2 + 0B;　　AR2 = 01101010(第 5 个值)

* AR2 + 0B;　　AR2 = 01100110(第 6 个值)

* AR2 + 0B;　　AR2 = 01101110(第 7 个值)

（2）循环寻址

在卷积、相关和 FIR 滤波算法中,都要求在存储器中设置一个缓冲区作为滑动窗,保存最新一批数据。在循环寻址过程中,会不断有新的数据覆盖旧的数据,从而实现循环缓冲区寻址。实现循环缓冲区的关键是循环寻址。C54x 间接寻址中以后缀“％”表示循环寻址,其辅助寄存器使用规则与其他寻址方式相同。

循环缓冲区的参数包括:长度寄存器(BK)、有效基地址(EFB)、尾地址(EOB)。循环缓冲区的长度值存放于 BK 寄存器中。要求长度为 R 的缓冲区必须从 N 位地址的边界开始,即循环缓冲区基地址的 N 个最低有效位必须为 0,N 是满足 $2^N>R$ 的最小整数。例如,循环缓冲区长度 $R=31$,此缓冲区的开始地址必须为

二进制地址:XXXX XXXX XXX 0 0000b

$N=5,2^5>31$,地址低 5 位为 0,并将 R 加载至 BK 中。

循环寻址应指定一个辅助寄存器 ARx 指向循环缓冲区。ARx 的低 5 位为 0,将 R 加载至 BK。ARx 的低 N 位作为循环缓冲区的偏移量进行规定的操作。寻址操作完成后,再根据以下循环寻址算法修正这个偏移量。循环缓冲区的指示 index 就是当前 ARx 的低 N 位,步长 step 就是一次加到辅助寄存器或从辅助寄存器中减去的值。若偏移量大于 0 且小于 BK,则把偏移量加给定值;若偏移量大于 BK,则偏移量等于 BK 减偏移量;若偏移量小于 0,则偏移

量等于 BK 加偏移量。即循环是以 BK 内容 R 为模进行的,但偏移量的步长与所用指令有关,必须小于 BK 定义的内容 R。如果 BK＝0,则为不作修正的辅助寄存器间接寻址。

循环寻址的算法如下:

If 0≤index＋step＜BK;

    index＝index＋step

Else if index＋step≥BK;

    index＝index＋step－BK

Else if index＋step＜0;

    index＝index＋step＋BK

例如,对于指令:

LD ＊＋AR1(8)％,A

STL A,＊＋AR1(8)％

如果循环缓冲区长度 BK＝10,N＝4,AR1＝100H,由 AR1 的低 4 位得到 index＝0,循环寻址＊＋AR1(8)％的步长 step＝8,循环寻址过程如图 3-3 所示。

执行第 1 条指令时,index＝index＋step＝8,寻址 108h 单元;

执行第 2 条指令时,index＝index＋step＝8＋8＝16＞BK,故 index＝index＋step－BK＝8＋8－10＝6,寻址 106H 单元。

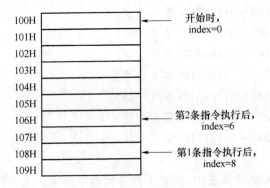

图 3-3 循环寻址过程

使用循环寻址时必须遵循以下 3 条原则:

(1) 循环缓冲区的长度 R 小于 2^N,地址从一个低 N 位为 0 的地址开始;

(2) 步长小于或等于循环缓冲区的长度;

(3) 所使用的辅助寄存器必须指向缓冲区单元。

2. 双操作数间接寻址

双数据存储器操作数间接寻址类型为＊ARx、＊ARx－、＊ARx＋、＊ARx＋0％。

所用辅助寄存器只能是 AR2、AR3、AR4、AR5。

其特点是:占用程序空间小,运行速度快,在一个机器周期内通过 2 个 16 位数据总线(C 和 D)读 2 个操作数。指令中 Xmem 表示从 DB 总线上读出的 16 位操作数,Ymem 表示从 CB 总线上读出的 16 位操作数。例如:

STM ＃x,AR2

STM ＃a,AR3

RPTZ A,＃3

```
MAC  * AR2 + , * AR3 + , A      ;双操作数寻址,1 个机器周期
```

使用双操作数乘法指令和 RPT 指令,完成 N 项乘积求和的运算共需 $N+2$ 个机器周期。

3.1.6　存储器映射寄存器寻址

存储器映射寄存器寻址主要用于不改变 DP、SP 的情况下,修改 MMR 中的内容。因此,这种寻址方式对 MMR 执行写操作开销小。存储器映射寄存器 MMR 寻址有 2 种方法。

(1) 采用直接寻址方式,高 9 位数据存储器地址置 0(无论 SP、DP 为何值),利用指令中的低 7 位地址直接访问 MMR,相当于基地址为 0 的直接寻址方式。

(2) 采用间接寻址方式,高 9 位数据存储器地址置 0(无论 SP、DP 为何值),按照当前辅助寄存器的低 7 位地址访问 MMR。此种方式访问 MMR,寻址操作完成后,辅助寄存器的高 9 位被强迫置成 0。例如,在存储器映射寄存器寻址方式中,用 AR1 指向存储器映射寄存器,它的值为 FF25H,由于 AR1 的低 7 位是 25H,因而它指向定时器周期寄存器 PRD(地址为 25H)。指令执行后 AR1 的值为 0025H。

只有 8 条指令可以进行存储器映射寻址操作:

```
LDM   MMR.dst

MVDM  dmad,MMR

MVMM  MMRx,MMRy

MVMD  MMR,dmad

POPM   MMR

PSHM  MMR

STLM  src,MMR

STM  ♯ lk,MMR
```

需要注意的是,在存储器映射寄存器寻址方式下,不能采用下列间接寻址的句法: * ARx (lk)、* + ARx(lk)、* + ARx(lk)% 和 * (lk)。

3.1.7　堆栈寻址

堆栈在调用子程序或者中断时能够自动保存程序计数器 PC 值,它也可以用来保存当前的环境或要传递的数据。堆栈存放数据是从高端地址向低端地址进行的。DSP 用一个 16 位的堆栈指针 SP 来对堆栈寻址,SP 总是指向堆栈中最后存入的数据单元。下面 4 条语句采用了堆栈寻址的方式来访问堆栈。

PSHD:将一个数据存储器的值压入堆栈

PSHM:将一个存储器映射寄存器的值压入堆栈

POPD:将一个数据存储器的值弹出堆栈

POPM:将一个存储器映射寄存器的值弹出堆栈

图 3-4 给出了将一个数据 X2 压入堆栈(PSHD X2)的操作过程,从图中可以清楚地看出堆栈和指针 SP 在操作前后的变化情况。数据压入堆栈前要对 SP 进行减量运算,而在数据弹出堆栈操作之后,要对堆栈进行增量运算。

在中断和调用子程序过程中,堆栈用来存放和恢复 PC 值。当一个中断产生或者调用一个子程序时,返回地址会自动压入堆栈顶部。

TMS320C54x 指令系统的数据寻址方式分为 7 种,各有不同的特点和应用场合。选择合

理的寻址方式可以获得编程的灵活性和高效性。

操作前的堆栈和指针SP 　　　　　　　　操作后的堆栈和指针SP

	操作前	
SP	0011	

0001	
0010	
0011	X1
0100	
0101	
0110	

	操作后	
SP	0010	

0001	
0010	X2
0011	X1
0100	
0101	
0110	

图 3-4　数据压入堆栈操作示意图

(1) 立即寻址,操作数在指令中,因而运行较慢,需要较多的存储空间,它用于对寄存器的初始化。

(2) 绝对寻址,可以寻址任一数据存储器中的操作数,运行较慢,需要较多的存储空间,它用于对寻址速度要求不高的场合。

(3) 累加器寻址,把累加器内容作为地址指向程序存储器单元。它用于在程序存储器和数据存储器之间传送数据。

(4) 直接寻址,指令中包含数据存储器的低 7 位和 DP 或 SP 结合形成 16 位数据存储器地址。它寻址速度快,用于对寻址速度要求高的场合。

(5) 间接寻址,利用辅助寄存器内容作为地址指针访问存储器,可寻址 64 K×16 位数据存储空间中任何一个单元。它用于按固定步长寻址的场合。

(6) 堆栈寻址,用于中断或程序调用时,将数据保存或从堆栈中弹出。

(7) 存储器映射寄存器(MMR)寻址,是基地址为零的直接寻址,寻址速度快。它用于直接用 MMR 名快速访问数据存储器的 0 页。

3.2　指令系统

TMS320C54x 是定点运算处理器。它的指令系统中的指令有两种表示形式,一种是汇编语言的助记符形式,另一种是高级语言的代数形式。本节主要介绍助记符指令系统。

为了便于学习和应用,表 3-4 列出了指令系统中所用到的符号和缩写,表 3-5 列出了操作码符号和缩写,供读者参考。

表 3-4　指令系统的符号和缩写

符号缩写	意　义
A	累加器 A
ALU	算术逻辑单元
AR, ARx	通用辅助寄存器,特指某特定辅助寄存器,$0 \leqslant x \leqslant 7$
ARP	ST0 中 3 位辅助寄存器指针,指向当前辅助寄存器
ASM	ST1 中 5 位累加器移位模式($-16 \leqslant x \leqslant 15$)
B	累加器 B
BRAF	ST1 中块重复激活标志
BRC	块重复计数器

符号缩写	意 义
BITC	4 位指明测试指令中存储器值的测试位
C16	ST1 中双 16 位/双精度算术模式选择位
C	ST0 中的进位标志
CC	2 位条件代码,0≤CC≤3
CMPT	ST1 中的兼容模式位
CPL	ST1 中的编译模式位
Cond	条件指令中的条件表述位
[d],[D]	延迟操作
DAB	D 地址总线
DAR	DAB 地址寄存器
dmad	16 位立即数地址,0<dmad<65 535
Dmem	数据存储操作
DP	ST0 中 9 位数据存储页指针,0≤DP≤511
dst	目的累加器 A 或 B
dst_	反目的累加器:如果 dst=A,则 dst_=B;如果 dst=B,则 dst_=A
EAB	E 地址总线
EAR	EAB 地址寄存器
extpmad	23 位直接程序存储地址
FRCT	ST1 中分数模式位
hi(A)	累加器 A 的高 16 位(31~16)
HM	ST1 中的保持模式位
IFR	中断标志寄存器
INTM	ST1 中的中断屏蔽位
K	短立即数,K<9 位
K3	3 位立即数,0≤K3≤7
K5	5 位立即数,−16≤K5≤15
K9	9 位立即数,0≤K9≤511
lk	16 位长立即数
Lmem	利用长数寻址的 32 位单存取数据存储
mmr,MMR	存储器映射寄存器
MMRx,MMRy	存储映射寄存器,AR0~AR7 或 SP
n	XC 指令后的字数,n=1 或 2
N	RSBX 和 SSBX 指令中指定修改的状态寄存器;N=0,ST0;N=1,ST1
OVA	ST0 中累加器 A 溢出标志
OVB	ST0 中累加器 B 溢出标志
OVdst	目的累加器 A 或 B 溢出标志
OVdst_	相反目的累加器 A 或 B 溢出标志

符号缩写	意 义
OVsrc	源累加器 A 或 B 溢出标志
OVM	ST1 中溢出模式位
PA	16 位端口立即寻址,0<PA<65 535
PAR	程序地址寄存器
PC	程序计数器
Pmad	16 位立即数程序地址
Pmem	程序存储器操作数
PMST	处理器模式状态寄存器
Prog	程序存储器操作
[R]	重复操作
Md	循环
RC	重复计数器
RTN	用于 REYF[D]指令的快速返回寄存器
REA	块重复结束地址寄存器
RSA	块重复开始地址寄存器
SBIT	描述 RSBX,SSBX,XC 指令中修正状态寄存器的位数;4 位的数值,0≤SBIT≤15
SHFT	4 位移位数值,0≤SHFT≤15
SHIFT	5 位移位数值,−16≤SHIFT≤15
Sind	利用直接寻址的单数据存储器操作
Smem	16 位单数据存储器操作
SP	堆栈指针
src	源累加器 A 或 B
ST0,ST1	状态寄存器 0,状态寄存器 1
SXM	ST1 中符号扩展模式
T	暂存器
TC	ST0 中测试/控制标志
TOS	堆栈栈顶
TRN	转换寄存器
TS	由 T 寄存器的 5~0 位所规定的移位数,−16≤TS≤31
uns	无符号
XF	ST1 中的外部状态标志位
XPC	程序计数扩展寄存器
Xmem	用于双操作指令和某些单操作指令的 16 位双操作数据存储器
Ymem	用于双操作指令的 16 位双操作数据存储器

表 3-5　操作码符号和缩写

符　号	意　义
A	数据存储器地址位
ARx	3 位数值指出辅助寄存器的序号
BITC	4 位位代码
CC	2 位条件代码
CCCC CCCC	8 位条件代码
COND	4 位条件代码
D	目标(dst)累加器位:D=0,累加器 A;D=1,累加器 B
I	寻址模式位:I=0,直接寻址模式:I=1,间接寻址模式
K	短立即数寻址<9
MMRX	4 位数值指定 9 个存储器映射寄存器之一,0≤MMRX≤8
MMRY	4 位数值指定 9 个存储器映射寄存器之一,0≤MMRY≤8
N	单个位数
NN	指定中断类型的 2 位数值
R	循环操作位(rnd):R=0,无循环执行指令;R=1,循环结果
S	源(src)累加器位:S=0,累加器 A;S=1,累加器 B
X	数据存储位
Y	数据存储器
Z	延迟指令位:Z=0,无延迟指令;Z=1,有延迟指令

　　C54x DSP 指令系统共有指令 129 条,可以分为 4 大类:数据传送、算术运算、逻辑运算、分支转移。本节仅列出这 4 类指令一览表以供查阅,并对常用指令的用法作简要的说明。各类指令详细的使用说明请参考附录。

3.2.1　数据传送指令

　　数据传送指令是把源操作数从源存储器中送到目的操作数制定的存储器中。包括装载指令、存储指令、条件存储指令、并行装载和存储指令、并行装载和乘法指令、并行存储和加/减指令、并行存储和乘法指令、混合装载和存储指令。

1. 装载指令

　　装载指令是取数或赋值指令,将存储器内容或立即数赋值给目的寄存器。装载指令共有 21 条,如表 3-6 所示。

表 3-6　装载指令

语　法	表 达 式	注　释
DLD Lmem,dst	dst=Lmem	把长字装入累加器
LD Smem,dst	dst=Smem	把操作数装入累加器
LD Smem,TS,dst	dst=Smem<<TS	操作数移动由 TREG(5~0)决定位数后装入到 ACC

续表

语 法	表 达 式	注 释
LD Smem,16,dst	dst=Smem<<16	操作数左移 16 bit 后装入 ACC
LD Smen[,SHIFT],dst	dst=Smem<<SHIFT	操作数移位后装入 ACC
LD Xmem,SHFT,dst	dst=Xmem<<SHFT	操作数 Xmem 移位后装入 ACC
LD ♯ K,dst	dst=♯K	把短立即操作数装入 ACC
LD ♯ lk[,SHIFT],dst	dst=♯lk<<SHIFT	长立即操作数移位后装入 ACC
LD ♯ lk,16,dst	dst=♯lk<<16	长立即操作数左移 16 bit 后装入 ACC
LD src,ASM[,dst]	dst=src<<ASM	累加器移动由 ASM 决定的位数
LD src[,SHIFT],dst	dst=src<<SHIFT	累加器移位
LD Smem,T	T=Smem	把单数据存储器操作数装入 T 寄存器
LD Smem,DP	DP=Smem(8-0)	把单数据存储器操作数装入 DP
LD ♯ k9,DP	DP=♯k9	把 9 bit 操作数装入 DP
LD ♯ k5,ASM	ASM=♯k5	把 5 bit 操作数装入累加器移位方式寄存器中
LD ♯ k3,ARP	ARP=♯k3	把 3 bit 操作数装入到 ARP 中
LD Smem,ASM	ASM=Smem(4-0)	把操作数的 0~4 bit 装入 ASM
LDM MMR,dst	dst=MMR	把存储器映射寄存器值装入到累加器中
LDR Smem,dst	dst=rnd(Smem)	把存储器值装入到 ACC 的高端
LDU Smem,dst	dst=uns(Smem)	把不带符号的存储器值装入到累加器中
LTD Smem	T=Smem,(Smem+1)=Smem	把单数据存储器值装入 T 寄存器并插入延迟

[例 3-1]

LD　＊AR1,TS,B

数据存储器 0200H 单元内容左移 8 位后存入 B 中。

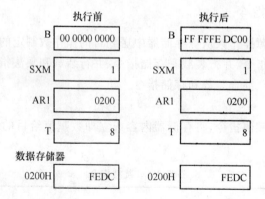

[例 3-2]

DLD　＊AR3+,B

把一个 32 位的长操作数装入累加器 B 中。

	执行前		执行后
B	00 0000 0000	B	00 6CAC BD90
AR3	0100	AR3	0102

数据存储器

0100H	6CAC	0100H	6CAC
0101H	BD90	0101H	BD90

2. 存储指令

存储指令是将源操作数或立即数存入存储器或寄存器。表 3-7 列出了这些指令,共有 18 条。

表 3-7　存储指令

语　法	表　达　式	注　释
DST src,Lmem	Lmem＝src	把累加器的值存放到长字中
ST T,Smem	Smem＝T	存储 T 寄存器的值
ST TRN,Smem	Smem＝TRN	存储 TRN 的值
ST ♯lk,Smem	Smem＝♯lk	存储长立即操作数
STH src,Smem	Smem＝src＜＜－16	把累加器的高端存放到数据存储器中
STH src,ASM,Smem	Smem＝src＜＜(ASM－16)	ACC 的高端移动由 ASM 决定位数后存放到数据存储器
STH src,SHFT,Xmem	Xmem＝src＜＜(SHFT－16)	ACC 的高端移位后存放到数据存储器中
STH src[,SHIFT],Smem	Smem＝src＜＜(SHIFT－16)	ACC 的高端移位后存放到数据存储器中
STL src,Smem	Smem＝src	把累加器的低端存放到数据存储器中
STL src,ASM,Smem	Smem＝src＜＜ASM	累加器的低端移动 ASM 决定位数后存放到数据存储器
STL src,SHFT,Xmem	Xmem＝src＜＜SHFT	ACC 的低端移位后存放到数据存储器中
STL src[,SHIFT],Smem	Smem＝src＜＜SHIFT	ACC 的低端移位后存放到数据存储器中
STLM src,MMR	MMR＝src	把累加器的低端存放到存储器中
STM ♯lk,MMR	MMR＝♯lk	把累加器的低端存放到存储器映射寄存器中
CMPS src,Smem	If src(31－16)＞src(15－0) then Smem＝src(31－16) If src(31－16)≤src(15－0) then Smem＝src(15－0)	比较、选择并存储最大值
SACCD src,Xmem,cond	If(cond)Xmem＝src＜＜(ASM－16)	条件存储累加器的值
SRCCD Xmem,cond	If(cond)Xmem＝BRC	条件存储块循环计数器
SIRCD Xmem,cond	If(cond)Xmem＝T	条件存储 T 寄存器的值

[例 3-3]

STH B，－8，∗AR7－

累加器 B 右移 8 位，把高 16 位送入数据存储器 0321H 单元，同时 AR7 内容减 1。

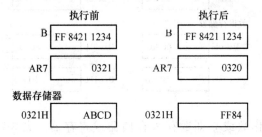

	执行前		执行后
B	FF 8421 1234	B	FF 8421 1234
AR7	0321	AR7	0320
数据存储器			
0321H	ABCD	0321H	FF84

[例 3-4]

CMPS A，∗AR4＋

比较累加器 A 的高 16 位和低 16 位二进制补码值的大小，把较大值存在数据存储器单元 Smem 中。如果是源累加器的高端(31~16 位)较大，过渡寄存器(TRN)左移一位，最低位添 0；TC 位清 0。反之，若是源累加器的低端(15~0 位)较大，过渡寄存器(TRN)左移一位，最低位添 1；TC 位置 1。

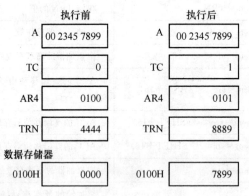

	执行前		执行后
A	00 2345 7899	A	00 2345 7899
TC	0	TC	1
AR4	0100	AR4	0101
TRN	4444	TRN	8889
数据存储器			
0100H	0000	0100H	7899

3. 并行装载和存储指令

并行装载和存储指令共有 2 条，表 3-8 列出了这些指令。

表 3-8 并行装载和存储指令

语 法	表 达 式	注 释
ST src，Ymem‖LD Xmem，dst	Ymem＝src≪(ASM－16)‖dst＝Xmem≪16	存储 ACC 和装载到累加器中并行执行
ST src，Ymem‖LD Xmem，T	Ymem＝src≪(ASM－16)‖T＝Xmem	存储 ACC 和装载到 T 寄存器中并行执行

[例 3-5]

ST A，∗AR3

   ‖ LD ∗AR4，T

累加器 A 移动由(ASM－16)所决定的位数，然后把移位后的值存放到数据存储器单元中；同时并行执行，把 16 位双数据存储器操作数装入到 T 寄存器中。

	执行前		执行后
A	FF 8421 1234	A	FF 8421 1234
T	3456	T	80FF
ASM	1	ASM	1
AR3	0200	AR3	0200
AR4	0100	AR4	0100

数据存储器

0200H	0001	0200H	0842
0100H	80FF	0100H	80FF

4. 并行装载和乘法指令

并行装载和乘法指令共有 4 条,表 3-9 列出了这些指令。

表 3-9　并行装载和乘法指令

语　法	表　达　式	注　释
LD Xmem,dst‖MAC Ymem,dst_	dst＝Xmem≪16 ‖dst_＝dst_＋T * Ymem	装载和乘/累加操作并行执行,可凑整
LD Xmem,dst‖MACR Ymem,dst_	dst＝Xmem≪16 ‖dst_＝rnd(dst_＋T * Ymem)	装载和乘/累加操作并行执行,可凑整
LD Xmem,dst‖MAS Ymem,dst_	dst＝Xmem≪16 ‖dst_＝dst_－T * Ymem	装载乘/减法并行执行
LD Xmem,dst‖MASR Ymem,dst_	dst＝Xmem≪16 ‖dst_＝rnd(dst_－T * Ymem)	装载乘/减法并行执行

[例 3-6]

```
LD   * AR4 ＋ ,A
   ‖ MAS * AR5 ＋ ,B
```

数据存储器 0100H 中的内容左移 16 位后装入累加器 A 的高端(31～16 位)。同时并行执行一个数据存储器 0200H 中的内容与 T 寄存器的值相乘,再把乘积与 B 中的数据相减,最后把结果存放在 B 中。AR4 和 AR5 中的值加 1。

5. 并行存储和加减指令

并行存储和加减指令共有 2 条,表 3-10 列出了这些指令。

表 3-10　并行存储和加减指令

语　法	表　达　式	注　释
ST src,Ymem‖ADD Xmem,dst	Ymem＝src≪(ASM－16)‖dst＝dst_＋Xmem≪16	存储 ACC 和加法并行执行
ST src,Ymem‖SUB Xmem,dst	Ymem＝src≪(ASM－16)‖dst＝(Xmem≪16)－dst_	存储和减法并行执行

	执行前		执行后
A	00 0000 1000	A	00 1234 0000
B	00 0000 1111	B	FF FEF3 8D11
T	0400	T	0400
FRCT	0	FRCT	0
AR4	0100	AR4	0101
AR5	0200	AR5	0201

数据存储器

	执行前		执行后
0100H	1234	0100H	1234
0200H	4321	0200H	4321

[例 3-7]

```
ST  A,* AR3
    || ADD * AR5 + 0 % ,B
```

累加器 A 移动由(ASM—16)所决定的位数,然后存放到数据存储器单元 0200H 中;同时并行执行,累加器 B 的内容与左移 16 位后的数据存储器 0300H 中的数相加,结果存放在 B 中。AR5 中的值为加上 AR0 后的结果。

	执行前		执行后
A	FF 8421 1000	A	FF 8021 1000
B	00 0000 1111	B	FF 0422 1000
OVM	0	OVM	0
SXM	1	SXM	1
ASM	1	ASM	1
AR0	0002	AR0	0002
AR3	0200	AR3	0200
AR5	0300	AR5	0302

数据存储器

	执行前		执行后
0200H	0101	0200H	0842
0300H	8001	0300H	8001

6. 并行存储和乘法指令

并行存储和乘法指令共有 5 条,表 3-11 列出了这些指令。

表 3-11　并行存储和乘法指令

语　法	表　达　式	注　释
ST src,Ymem‖MAC Xmem,dst	Ymem=src<<(ASM−16)‖dst=dst+T∗Xmem	存储和乘/累加并行执行
ST src,Ymem‖MACR Xmem,dst	Ymem=src<<(ASM−16)‖dst=rnd(dst+T∗Xmem)	存储和乘/累加并行执行
ST src,Ymem‖MAS Xmem,dst	Ymem=src<<(ASM−16)‖dst=dst−T∗Xmem	存储和乘/减法并行执行
ST src,Ymem‖MASR Xmem,dst	Ymem=src<<(ASM−16)‖dst=rnd(dst−T∗Xmem)	存储和乘/减法并行执行
ST src,Ymem‖MPY Xmem,dst	Ymem=src<<(ASM−16)‖dst=T∗Xmem	存储和乘法并行执行

[例 3-8]

```
ST  A, * AR4 −
   ‖ MAC * AR5,B
```

累加器 A 移动由(ASM−16)所决定的位数,然后把移位后的值存放到数据存储器 0100H 单元中;同时并行执行 T 寄存器的值与数据存储器 0200H 单元中的数相乘,乘积与累加器 B 相加,结果存放在 B 中。AR4 的内容减 1。

3.2.2　算术运算指令

C54x 的算术运算指令非常丰富,而且运算功能强大。包括加法指令、减法指令、乘法指令、乘累加指令、乘累减指令、双字运算指令及特殊应用指令。分别叙述如下。

1. 加法指令

加法指令共有 13 条,如表 3-12 所示。

表 3-12　加法指令

语　法	表　达　式	注　释
ADD Smem,src	src＝src＋Smem	与 ACC 相加
ADD Smem,TS,src	src＝src＋Smem≪TS	操作数移位后加到 ACC 中
ADD Smem,16,src[,dst]	dst＝src＋Smem≪16	把左移 16 bit 的操作数加到 ACC 中
ADD Smem[,SHIFT],src[,dst]	dst＝src＋Smem≪SHIFT	把移位后的操作数加到 ACC 中
ADD Xmem,SHFT,src	src＝src＋Xmem≪SHFT	把移位后的操作数加到 ACC 中
ADD Xmem,Ymem,dst	dst＝Xmem≪16＋Ymem≪16	两个操作数分别左移 16 bit,然后相加
ADD ♯lk[,SHFT],src[,dst]	dst＝src＋♯lk≪SHFT	长立即数移位后加到 ACC 中
ADD ♯lk,16,src[,dst]	dst＝src＋♯lk≪16	把左移 16 bit 的长立即数加到 ACC 中
ADD src[,SHIFT][,dst]	dst＝dst＋src≪SHIFT	移位再相加
ADD src,ASM[,dst]	dst＝dst＋src≪ASM	移位再相加,移动位数为 ASM 的值
ADDC Smem,src	src＝src＋Smem＋C	带有进位位的加法
ADDM ♯lk,Smem	Smem＝Smem＋♯lk	把长立即数加到存储器中
ADDS Smem,src	src＝src＋uns(Smem)	带符号扩展的加法

加法指令使用说明:

DSP 表示整数时,有两种格式,即有符号数和无符号数。作为有符号数表示时,其最高位为符号位,最高位为 0 表示其为正数,为 1 表示其为负数,其余为数值位。作为无符号数表示时,最高位作为数值位计算。例如,有符号数所能表示的最大的正数为 07FFFH,等于 32 767,而 0FFFFH 表示最大负数－1;无符号数不能表示负数,它能表示的最大的数为 0FFFFH,等于 65 535。

DSP 表示小数时,其符号和上面整数的表示一样,但必须注意如何安排小数点的位置。为了便于数据处理,一般安排在最高位后(Q15 格式),最高位为符号位,其数值范围从－1～＋1。

C54x 中提供了多条用于加法的指令,如 ADD、ADDC、ADDM 和 ADDS。其中 ADDS 用于无符号数的加法运算,ADDC 用于带进位的加法运算,ADDM 专用于立即数的加法。

例如:

```
LD    temp1,A    ;将变量 temp1 装入累加器 A 中
ADD   temp2,A    ;将变量 temp2 与累加器 A 相加,结果放入累加器 A 中
STL   A          ;将累加器 A 中的结果(低 16 位)存入变量 temp3 中
```

这里完成计算 temp3＝temp1＋temp2,没有特意考虑 temp1 和 temp2 是整数还是小数,在加法和下面的减法指令中整数运算和定点小数运算都是一样的。

[例 3-9]

```
ADD   ＊AR3＋,14,A
```

把数据存储器 0100H 中的操作数左移 14 位后和累加器 A 中的数相加结果存入 A 中,AR3 中的值加 1(左移时低位添 0。右移时高位情况为:如果 SXM＝1,进行符号扩展;如果 SXM＝0,添 0)。

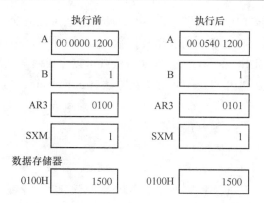

2. 减法指令

减法指令共有 13 条,如表 3-13 所示。

表 3-13　减法指令

语　法	表　达　式	注　释
SUB Smem,src	src＝src－Smem	从累加器中减去一个操作数
SUB Smem,TS,src	src＝src－Smem＜＜TS	移动由 T 寄存器的 0～15 bit 所确定的位数,再与 ACC 相减
SUB Smem,16,src[,dst]	dst＝src－Smem＜＜16	移位 16 bit 再与 ACC 相减
SUB Smem[,SHIFT],src[,dst]	dst＝src－Smem＜＜SHIFT	操作数移位后再与 src 相减
SUB Xmem,SHFT,src	src＝src－Xmem＜＜SHFT	操作数移位后再与 src 相减
SUB Xmem,Ymem,dst	dst＝Xmem＜＜16－Ymem＜＜16	两个操作数分别左移 16 bit,再相减
SUB ♯ lk [,SHFT],src[,dst]	dst＝src－♯lk＜＜SHFT	长立即数移位后与 ACC 相减
SUB ♯ lk,16,src[,dst]	dst＝src－♯lk＜＜16	长立即数左移 16 bit 后再与 ACC 相减
SUB src[,SHIFT][,dst]	dst＝dst－src＜＜SHIFT	移位后的 src 与 dst 相减
SUB src,ASM[,dst]	dst＝dst－src＜＜ASM	src 移动由 ASM 决定的位数再与 dst 相减
SUBB Smem,src	src＝src－Smem－C	作带借位的减法
SUBC Smem,src	If(src－Smem＜＜15)→0 src＝(src－Smem＜＜15)＜＜1＋1 Else　src＝src＜＜1	条件减法
SUBS Smem,src	src＝src－uns(Smem)	与 ACC 作带符号扩展的减法

减法指令使用说明:

C54x 中提供了多条用于减法的指令,如 SUB、SUBB、SUBC 和 SUBS。其中 SUBS 用于无符号数的减法运算,SUBB 用于带进位的减法运算,而 SUBC 为移位减,DSP 中的除法就是用该指令来实现的。SUB 指令与 ADD 指令一样,有多种寻址方式。例如:

```
STM   ♯60H,AR3       ;将立即数 60H 装入 AR3 寄存器中
STM   ♯61H,AR2       ;将立即数 61H 装入 AR2 寄存器中
SUB   *AR2＋,*AR3,B   ;将 61H 地址中的数左移 16 位,同时 60H 地址中的数也左
                     ;移 16 位,然后相减,结果放入累加器 B(高 16 位)中,同时
                     ;AR2 加 1
STH   B ,63H         ;将相减的结果(高 16 位)存入变量 63H
```

在 C54x 中没有提供专门的除法指令。一般有两种方法来完成除法。一种是用乘法来代替。除以某个数相当于乘以其倒数，所以先求出其倒数，然后相乘。这种方法对于除以常数特别适用。另一种方法是使用 SUBC 指令，重复 16 次减法就可以完成两个无符号数的除法运算。

下面这几条指令就是利用 SUBC 完成整数除法(temp1/temp2)：

```
LD    temp1,B      ;将被除数 temp1 装入 B 累加器的低 16 位
RPT   ♯15          ;重复下条 SUBC 指令 16 次
SUBC  temp2,B      ;使用 SUBC 指令完成除法
STL   B,temp3      ;将商(B 累加器的低 16 位)存入变量 temp3
STH   B,temp4      ;将余数(B 累加器的高 16 位)存入变量 temp4
```

在 C54x 中实现 16 位的小数除法与前面的整数除法基本一样，也是使用 SUBC 指令来完成，但应注意小数除法的结果一定是小数(小于 1)，所以被除数一定小于除数。在执行 SUBC 指令前，应将被除数装入累加器的高 16 位，而不是低 16 位，其结果的格式与整数除法一样。

[例 3-10]

```
SUBB  *AR1+,B
```

从累加器 B 中减去数据存储器 0405H 中的值和进位位 C 的逻辑反，且不进行符号扩展。AR1 中的值加 1。

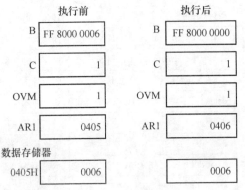

3. 乘法指令

乘法指令共有 10 条，如表 3-14 所示。

表 3-14　乘法指令

语　法	表　达　式	注　释
MPY Smem,dst	dst = T * Smem	T 寄存器与单数据存储器操作数相乘
MPYR Smem,dst	dst = rnd(T * Smem)	T 寄存器带四舍五入与单数据存储器操作数相乘
MPY Xmem,Ymem,dst	dst = Xmem * Ymem, T = Xmem	两数据存储器操作数相乘
MPY Smem, ♯ lk,dst	dst = Smem * ♯ lk, T = Smem	长立即数与单数据存储器操作数相乘
MPY ♯ lk,dst	dst = T * ♯ lk	长立即数与 T 寄存器的值相乘
MPYA dst	dst = T * A(32−16)	ACCA 的高端与 T 寄存器的值相乘
MPYA Smem	B = Smem * A(32−16) T = Smem	单数据存储器操作数与 ACCA 的高端相乘
MPYU Smem,dst	dst = uns(T) * uns(Smem)	T 寄存器的值与符号数相乘
SQUR Smem,dst	dst = Smem * Smem, T = Smem	单数据存储器操作数的平方
SQUR A,dst	dst = A(32−16) * A(32−16)	ACCA 高端的平方值

在 C54x 中提供了大量的乘法运算指令,其结果都是 32 位,放在 A 或 B 累加器中。乘数在 C54x 的乘法指令中很灵活,可以是 T 寄存器、立即数、存储单元和 A 或 B 累加器的高 16 位。如果是无符号数相乘,使用 MPYU 指令。这是一条专用于无符号数乘法运算的指令,而其他指令都是有符号数的乘法。

实现整数乘法:

```
RSBX    FRCT            ;清 FRCT 标志,准备整数乘
LD      temp1,T         ;将变量 temp1 装入 T 寄存器
MPY     temp2 ,A        ;完成 temp2*temp1,结果放入累加器 A 中(32 位)
```

实现小数乘法:

小数乘法与整数乘法基本相同,只是由于两个有符号的小数相乘,其结果的小数点的位置在次高位的后面,所以必须左移一位,才能得到正确的结果。C54x 中提供了一个状态位 FRCT,将其设置为 1 时,系统自动将乘积结果左移一位。两个小数(16 位)相乘后结果为 32 位,如果精度允许的话,可以只存高 16 位,将低 16 位丢弃,这样仍可得到 16 位的结果。下面的几条指令可以实现小数的乘法。

```
SSBX    FRCT            ;FRCT=1,准备小数乘法
LD      temp1,16,A      ;将变量 temp1 装入累加器 A 的高 16 位
MPYA    temp2           ;完成 temp2 乘累加器 A 的高 16 位,结果在 B 中,同时将
                        ;temp2 装入 T 寄存器
STH     B,temp3         ;将乘积结果的高 16 位存入变量 temp3
```

[例 3-11]

```
MPYU   * AR0 - ,A
```

无符号的 T 寄存器值与无符号的数据存储器 1000H 中的数相乘,结果存放在累加器 A 中,AR0 中的值减 1。乘法器对于该指令来说相当于是其两个操作数的最高位都为 0 的一个带符号的 17×17 位的乘法器。

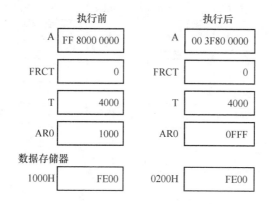

	执行前		执行后
A	FF 8000 0000	A	00 3F80 0000
FRCT	0	FRCT	0
T	4000	T	4000
AR0	1000	AR0	0FFF
数据存储器			
1000H	FE00	0200H	FE00

4. 乘加和乘减指令

乘加和乘减指令共有 9 条,如表 3-15 所示。

表 3-15　乘加和乘减指令

语　法	表 达 式	注　释
MAC Smem,src	src=src+T*Smem	与 T 寄存器相乘再加到 ACC 中

语 法	表 达 式	注 释
MAC Xmem,Ymem,src[,dst]	dst＝src＋Xmem * Ymem T＝Xmem	双操作数相乘再加到 ACC 中
MAC ♯ lk,src[,dst]	dst＝src＋T * ♯ lk	T 寄存器与长立即数相乘,再加到 ACC 中
MAC Smem,♯ lk,src[,dst]	dst＝src＋Smem * ♯ lk T＝Smem	与长立即数相乘,再加到 ACC 中
MACR Smem,src	src＝rnd(src＋T * Smem)	带四舍五入与 T 寄存器相乘再加到 ACC 中
MACR Xmem,Ymem,src[,dst]	dst＝rnd(src＋Xmem * Ymem) T＝Xmem	带四舍五入双操作数相乘再加到 ACC 中
MACA Smem[,B]	B＝B＋Smem * A(32－16) T＝Smem	与 ACCA 的高端相乘,加到 ACCB 中
MACA T,src[,dst]	dst＝src＋T * A(32－16)	T 寄存器与 ACCA 高端相乘,加到 ACC 中
MACAR Smem[,B]	B＝rnd(B＋Smem * A(32－16)) T＝Smem	带四舍五入与 ACCA 的高端相乘,加到 ACCB 中

[例 3-12]

MAC * AR5,A

数据存储器 0100H 中的数和 T 寄存器相乘后加上累加器 A 中的值结果再存入 A 中。

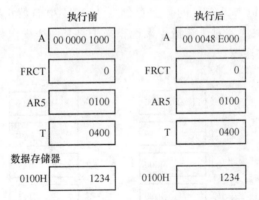

5. 双操作数指令

双操作数指令共有 3 条,如表 3-16 所示。

表 3-16 双操作数指令

语 法	表 达 式	注 释
DADD Lmem,src[,dst]	If C16＝0 dst＝Lmem＋src If C16＝1 　dst(39－16)＝Lmem(31－16)＋src(31－16) 　dst(15－0)＝Lmem(15－0)＋src(15－0)	双重加法

续 表

语　法	表　达　式	注　释
DADST Lmem,dst	If C16＝0　dst＝Lmem＋(T≪16＋T) If C16＝1　dst(39－16)＝Lmem(31－16)＋T 　　　　　dst(15－0)＝Lmem(15－0)－T	T 寄存器长立即数的双重加法和减法
DRSUB Lmem,src	If C16＝0　src＝Lmem－src If C16＝1 　src(39－16)＝Lmem(31－16)－src(31－16) 　src(15－0)＝Lmem(15－0)－src(15－0)	长字的双 16 bit 减法

[例 3-13]

DADD　　＊AR3＋,A,B

累加器的 A 内容加到 32 位长数据存储器操作数(Lmem)中,结果存在累加器 B 中,AR3 的值加 1。C16 的值决定了指令执行的方式。当 C16＝0 时,指令以双精度方式执行。40 位累加器的值加到长数据存储器中,饱和度和溢出位都是根据运算的结果来设置。当 C16＝1 时,指令以双 16 位方式执行。src 的高端(31～16 位)与 Lmem 的高 16 位相加;src 的低端(15～0 位)与 Lmem 的低 16 位相加。饱和度和溢出位在此方式下不受影响,并且无论 OVM 的状态是什么,结果都不进行饱和运算。

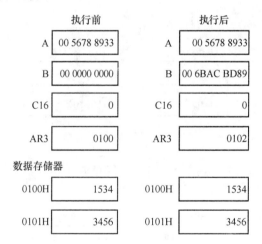

6. 特殊应用指令

特殊应用指令共有 15 条,如表 3-17 所示。

表 3-17　特殊应用指令

语　法	表　达　式	注　释
ABDST Xmem,Ymem	B＝B＋|A(32－16)| A＝(Xmem－Ymem)≪16	求绝对值
ABS src[,dst]	dst＝|src|	ACC 的值取绝对值
CMPL src[,dst]	dst＝～src	求累加器值的反码
DELAY Smem	(Smem＋1)＝Smem	存储器延迟
EXP src	T＝符号位所在的位数(src)	求累加器指数

续 表

语 法	表 达 式	注 释
FIRS Xmem,Ymem,pmad	B=B+A * pmad A=(Xmem+Ymem)<<16	对称有限冲激响应滤波器
LMS Xmem,Ymem	B=B+Xmem * Ymem A=A+Xmem<<16+2 * 15	求最小均方值
MAX dst	dst=max(A,B)	求累加器的最大值
MIN dst	dst=min(A,B)	求累加器的最小值
NEG src[,dst]	dst=-src	求累加器的反值
NORM src[,dst]	dst=src<<TS dst=norm(src,TS)	归一化
POLY Smem	B=Smem<<16 A=rnd(A(32-16) * T+B)	求多项式的值
RND src[,dst]	dst=src+2 * 15	求累加器的四舍五入值
SAT src	饱和计算(src)	求累加器的值作饱和计算
SQDST Xmem,Ymem	B=B+A(32-16) * A(32-16) A=(Xmem-Ymem)<<16	求两点之间距离的平方

[例 3-14]

CMPL A,B

计算 A 的反码(逻辑反),结果存放在 B 中。

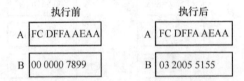

[例 3-15]

MIN A

比较累加器 A 和 B 的内容,并把较小的一个值存放在累加器 A 中,进位位 C 被清 0。如果较小值为累加器 B,进位位 C 则置为 1。

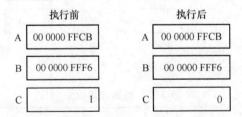

3.2.3 逻辑运算指令

逻辑运算指令包括与指令(AND)、或指令(XOR)、移位指令(ROL)和测试指令(BITF)。

1. 与指令

与指令共有 5 条,如表 3-18 所示。

表 3-18　与指令

语　法	表　达　式	注　释
AND Smem,src	src＝src & Smem	单数据存储器操作数和 ACC 相与
AND ♯ lk[,SHFT],src[,dst]	dst＝src & ♯lk<<SHFT	长立即数移位后和 ACC 相与
AND ♯ lk,16,src[,dst]	dst＝src & ♯lk<<16	长立即数左移 16 bit 后和 ACC 相与
AND src[,SHIFT][,dst]	dst＝dst & src<<SHIFT	累加器的值移位后相与
ANDM ♯ lk,Smem	Smem＝Smem & ♯lk	单数据存储器操作数和长立即数相与

[例 3-16]

AND　＊AR3＋,A

数据存储器 0100H 单元中的数和累加器 A 相与,结果存入 A 中,AR3 中的值加 1。

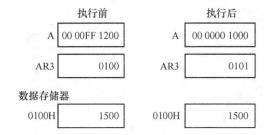

2. 或指令

或指令共有 5 条,如表 3-19 所示。

表 3-19　或指令

语　法	表　达　式	注　释
OR Smem,src	src＝src	Smem	单数据存储器操作数和 ACC 相或
OR ♯lk[,SHFT],src[,dst]	dst＝src	♯lk<<SHFT	长立即数移位后和 ACC 相或
OR ♯lk,16,src[,dst]	dst＝src	♯lk<<16	长立即数左移 16 bit 后和 ACC 相或
OR src[,SHIFT][,dst]	dst＝dst	src<<SHIFT	累加器的值移位后相或
ORM ♯ lk,Smem	Smem＝Smem	♯ lk	单数据存储器操作数和长立即数相或

[例 3-17]

OR　A,＋3,B

累加器 A 左移 3 位后和 B 相与,结果存入累加器 B 中。

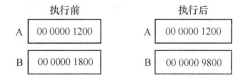

3. 异或指令

异或指令共有 5 条,如表 3-20 所示。

表 3-20 异或指令

语 法	表 达 式	注 释
XOR Smem,src	src=src^Smem	单数据存储器操作数和 ACC 相异或
XOR # lk[,SHFT],src[,dst]	dst=src^# lk<<SHFT	长立即数移位后和 ACC 相异或
XOR # lk,16,src[,dst]	dst=src^# lk<<16	长立即数左移 16 bit 后和 ACC 相异或
XOR src[,SHIFT][,dst]	dst=dst^src<<SHIFT	累加器的值移位后相异或
XORM # lk,Smem	Smem=Smem^# lk	单数据存储器操作数和长立即数相异或

[例 3-18]

XOR * AR3 + ,A

数据存储器 0100H 中的数和累加器 A 相异或,结果存入 A 中,AR3 的值加 1。

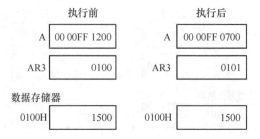

执行前　　　　　　　执行后

A | 00 00FF 1200 　　　 A | 00 00FF 0700

AR3 | 0100 　　　 AR3 | 0101

数据存储器

0100H | 1500 　　　 0100H | 1500

4. 移位指令

移位指令共有 6 条,如表 3-21 所示。

表 3-21 移位指令

语 法	表 达 式	注 释
ROL src	带进位位循环左移	累加器值循环左移
ROLTC src	带 TC 位循环左移	累加器值带 TC 位循环左移
ROR src	带进位位循环右移	累加器值循环右移
SFTA src,SHIFT[,dst]	dst=src<<SHIFT(算术移位)	累加器值算术移位
SFTC src	if src(31)=src(30) then src=src<<1	累加器值条件移位
SFTL src,SHIFT[,dst]	dst=src<<SHIFT(逻辑移位)	累加器值逻辑移位

[例 3-19]

ROL A

累加器 A 循环左移一位。进位位 C 的值移入 AL 的最低位,AH 的最高位移入 C 中,保护位 AG 清 0。

执行前　　　　　　　执行后

A | 5F B000 1234 　　　 A | 00 6000 2468

C | 0 　　　 C | 1

5. 测试指令

测试指令共有 5 条,如表 3-22 所示。

表 3-22　移位指令

语　法	表 达 式	注　释
BIT Xmem,BITC	TC＝Xmem(15－BITC)	测试指定位
BITF Smem,♯lk	TC＝(Smem ＆＆ ♯ lk)	测试由立即数指定位
BITT Smem	TC＝Smem(15－T(3－0))	测试由 T 寄存器指定位
CMPM Smem,♯ lk	TC＝(Smem＝＝♯ lk)	比较单数据存储器操作数和立即数的值
CMPR CC,ARx	Compare ARx with AR0	辅助寄存器 ARx 与 AR0 相比较

［例 3-20］

BIT ＊AR5＋,15－12

把数据存储器 0100H 中操作数的第 3 位复制到状态寄存器的 ST0 的 TC 位。

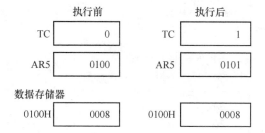

3.2.4　分支转移指令

分支转移指令包括分支指令、调用指令、中断指令、返回指令、重复指令、堆栈操作指令、空闲及空操作指令。

1. 分支指令

分支指令共有 6 条,如表 3-23 所示。

表 3-23　分支指令

语　法	表 达 式	注　释
B[D] pmad	PC＝pmad(15－0)	可以选择延时的无条件转移
BACC[D] src	PC＝src(15－0)	可以选择延时的指针指向的地址
BANZ[D] pmad,Sind	if(Sind_0) then PC＝pmad(15－0)	当 AR 不为 0 时转移
BC[D] pmad,cond [,cond[,cond]]	if(cond(s)) then PC＝pmad(15－0)	可以选择延时的条件转移
FB[D] extpmad	PC＝pmad(15－0) XPC＝pmad(22－16)	可以选择延时的远程无条件转移
FBACC[D] src	PC＝src(15－0) XPC＝src(22－16)	远程转移到 ACC 所指向的地址

［例 3-21］

B 1000H

程序转移到 1000H 地址处执行。

执行前　　　　　　　　　执行后

PC | 1F45 　　　　　PC | 1000

2. 子程序调用指令

子程序调用指令共有 5 条,如表 3-24 所示。

表 3-24　子程序调用指令

语　法	表　达　式	注　释
CALA[D] src	−−SP,PC+1[3]=TOS PC=src(15−0)	可选择延时的调用 ACC 所指向的子程序
CALL[D] pmad	−−SP,PC+2[4]=TOS PC=pmad(15−0)	可选择延时的无条件调用
CC[D] pmad,cond [,cond[,cond]]	if(cond(s))then−−SP PC+2[4]=TOS PC=pmad(15−0)	可选择延时的条件调用
FCALA[D] src	−−SP,PC+1[3]=TOS PC=src(15−0),XPC=src(22−16)	可选择延时的远程无条件调用
FCALL[D] extpmad	−−SP,PC+2[4]=TOS PC=pmad(15−0) XPC=pmad(22−16)	可选择延时的远程条件调用

[例 3-22]

CALA　A

程序指针转移到累加器 A 的低位所确定的 16 位地址单元,返回地址压入栈顶。

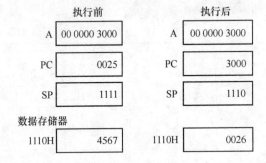

执行前　　　　　　　　　执行后

A | 00 0000 3000 　　　　　A | 00 0000 3000

PC | 0025 　　　　　PC | 3000

SP | 1111 　　　　　SP | 1110

数据存储器

1110H | 4567 　　　　　1110H | 0026

3. 中断指令

中断指令共有 2 条,如表 3-25 所示。

表 3-25　中断指令

语　法	表　达　式	注　释
INTR K	−−SP,++PC=TOS PC=IPTR(15−7)+K<<2 INTM=1	软件中断
TRAP K	−−SP,++PC=TOS PC=IPTR(15−7)+K <<2	软件中断

4. 返回指令

返回指令共有 6 条,如表 3-26 所示。

表 3-26　返回指令

语　法	表　达　式	注　释
FRET[D]	XPC=TOS,++SP,PC=TOS ++SP	可选择延时的远程返回
FRETE[D]	XPC=TOS,++SP,PC=TOS ++SP,INTM=0	可选择延时的远程返回,且允许中断
RC[D] cond [,cond[,cond]]	if(cond(s)) then PC=TOS,++SP	可选择延时的条件返回
RET[D]	PC=TOS,++SP	可选择延时的条件返回
RETE[D]	PC=TOS,++SP,INTM=0	可选择延时的条件返回,且允许中断
RETF[D]	PC=RTN,++SP,INTM=0	可选择延时的快速条件返回,且允许中断

5. 重复指令

重复指令共有 5 条,如表 3-27 所示。

表 3-27　重复指令

语　法	表　达　式	注　释
RPT Smem	循环执行一条指令,RC=Smem	循环执行下一条指令,计数为单数据存储器操作数
RPT ♯ K	循环执行一条指令,RC=♯ K	循环执行下一条指令,计数为短立即数
RPT♯ lk	循环执行一条指令,RC=♯ lk	循环执行下一条指令,计数为长立即数
RPTB [D] pmad	循环执行一段指令,RSA=PC+2[4] REA=pmad,BRAF=1	可选择延迟的块循环
RPTZ dst,♯ lk	循环执行一条指令,RC=♯ lk,dst=0	循环执行下一条指令并对 ACC 清 0

6. 堆栈操作指令

堆栈操作指令共有 5 条,如表 3-28 所示。

表 3-28　堆栈操作指令

语　法	表　达　式	注　释
FRAME K	SP=SP+K	堆栈指针偏移立即数值
POPD Smem	Smem=TOS,++SP	把数据从栈顶弹入到数据存储器
POPM MMR	MMR=TOS,++SP	把数据从栈顶弹入到存储器映射寄存器
PSHD Smem	−−SP,Smem=TOS	把数据存储器值压入堆栈
PSHM MMR	−−SP,MMR=TOS	把存储器映射寄存器值压入堆栈

7. 其他程序控制指令

其他程序控制指令共有 7 条,如表 3-29 所示。

表 3-29　其他程序控制指令

语　法	表　达　式	注　释
IDLE K	idle(K)	保持空闲状态直到有中断产生

· 51 ·

语　法	表 达 式	注　释
MAR Smem	If CMPT＝0,then modify ARx If CMPT＝1 and ARx_AR0, 　　then modify ARx,ARP＝x If CMPT＝1 and ARx＝AR0, then 　　modify AR(ARP)	修改辅助寄存器
NOP	无	无任何操作
RESET	软件复位	软件复位
RSBX N,SBIT	STN(SBIT)＝0	状态寄存器复位
SSBX N,SBIT	STN(SBIT)＝1	状态寄存器复位
XC n,cond［,cond［,cond］］	如果满足条件执行下面的 n 条指令, $n＝1$ 或 $n＝2$	条件执行

本 章 小 结

　　TMS320C54x 指令系统的数据寻址方式分为 7 种,各有不同的特点和应用场合。选择合理的寻址方式可以获得编程的灵活性和高效性。

　　TMS320C54x 的指令系统共有 129 条基本指令,由于操作数的寻址方式不同,由它们可以派生至 205 条指令。按指令的功能分类,可以分成数据传送指令、算术运算指令、逻辑运算指令、分支转移指令、并行操作指令和重复操作指令。

思 考 题

　　1. TMS320C54x DSP 提供了哪些基本的数据寻址方式? 这些寻址方式应该应用在什么场合?

　　2. 以 DP 为基地址的直接寻址方式,其实际地址是如何生成的?

　　3. 双数据存储器操作数间接寻址所用的辅助寄存器只能是哪几个?

　　4. NOP 指令不执行任何操作,它起什么作用?

　　5. 已知(30H)＝50H,AR2＝40H,AR3＝60H,AR4＝80H

　　MVKD　　30H,＊AR2

　　MVDD　　＊AR2,＊AR3

　　MVDM　　＊AR3,＊AR4

　　运行以上程序后,(30H)、(40H)、AR3 和 AR4 的值分别等于多少?

　　6. 已知(80H)＝20H,(81H)＝30H。

　　LD　　♯0,DP

　　LD　　80H,16,B

　　ADD　81H,B

　　运行以上程序后,B 等于多少?

第4章 TMS320C54x 的软件开发

4.1 TMS320C54x 软件开发过程

1. 建立源程序

用汇编语言或 C 语言编写源程序,扩展名分别为.asm 和.c。在 asm 文件中,除了 DSP 的指令外还有汇编伪指令。

2. C 编译器(C Compiler)

将 C 语言源程序翻译成汇编语言源程序。

3. 汇编器(Assembler)

将汇编语言的源程序文件汇编成机器语言的目标程序文件(.obj 文件),其格式为 COFF(公共目标文件格式)。

4. 链接器(Linker)

链接器根据链接命令文件(.cmd 文件)将目标程序文件(.obj 文件)、库文件链接起来,并分配各程序段、数据段的地址,生成的.out 文件可供模拟/仿真。

5. 调试工具

(1) 软件仿真器(Simulator)

将链接器输出文件(.out 文件)调入到一个 PC 机的软件模拟窗口下,对 DSP 代码进行软件模拟和调试,进行软件开发和非实时的程序验证,它不需要目标硬件,只要在 PC 机上运行就行了。

(2) 硬件仿真器(Emulator)

DSP 的硬件扫描仿真器采用 JTGA IEEE1149.1 标准,通过仿真头将 PC 机中的用户程序代码下载到目标系统的存储器中,并在目标系统内实时运行,这给程序调试带来了很大的方便。

6. 十六进制转换公用程序(Hex Conversion Utility)

TI 公司的软件仿真器和硬件仿真器接受可执行的 COFF 文件(.out 文件)作为输入。在程序设计和调试阶段,都是利用仿真器和 PC 机进行联机在线仿真,通过硬件仿真器将可执行的 COFF 文件从 PC 机下载到 DSP 目标系统的程序存储器中运行和调试。当程序调试仿真通过后,希望 DSP 目标系统成为一个独立的系统,一般是将程序存储在片外断电不会丢失资料的外部程序存储器(如 FLASH、EPROM)中。上电后通过 DSP 自举引导程序(BOOT-LOADER),将程序代码从速度相对较慢的 EPROM 搬移到速度较快的 DSP 片内 RAM 或片外 RAM 中运行。但大多数可擦除存储器不支持 COFF 文件。十六进制转换公用程序将COFF 文件(.out 文件)转化为标准的 ASCII 码十六进制文件格式,从而可写入 EPROM,并且还可以自动生成支持 BOOTLOADER 从 EPROM 引导加载 DSP 程序的固化代码。

TI 公司推出的 CCS 集成环境将上述各步骤集成在一个窗口环境下,大大方便了软件设计。第五章将以 CCS5000 为例,详细介绍集成开发环境的使用。

4.2 汇编语言程序的编写方法

先介绍一个完整的汇编语言源程序例子(例 4-1),来熟悉一下 TMS320C54x DSP 汇编程序的组成和编写方法。

[**例 4-1**]　用汇编语言编程计算 $y = a_1 \cdot x_1 + a_2 \cdot x_2 + a_3 \cdot x_3 + a_4 \cdot x_4$。

1. 汇编语言源程序 example. asm

```
        .title"example.asm"      ;源程序名
        .mmregs                  ;定义存储器映射寄存器符号名
stack   .usect "stack",10H       ;分配堆栈空间
        .bss a,4                 ;为变量分配 9 个字的空间
        .bss x,4
        .bss y,1
        .global start            ;定义 start 为全局符号
        .data                    ;已初始化数据段
table   .word 2,2,4,4            ;指定 a1、a2、a3、a4 的值
        .word 8,6,4,9            ;指定 x1、x2、x3、x4 的值

        .text                    ;代码段
start   stm #0,swwsr             ;不加等待周期
        stm #stack+10H,sp        ;设置堆栈指针
        stm #a,ar1               ;使 ar1 指向 a 的首地址
        rpt #7                   ;重复执行下条指令 8 次
        mvpd table,*ar1+         ;把数据从程序空间移入数据空间
        call sum                 ;调用 sum 子程序
end     b end                    ;原地等待
sum     stm #a,ar3               ;使 ar3 指向 a 的首地址
        stm #x,ar4               ;使 ar4 指向 x 的首地址
        rptz a,#3                ;累加器 A 清 0 后,重复执行下条指令 4 次
        mac *ar3+,*ar4+,a        ;乘累加后结果送入累加器 A 中
        stl a,*(y)               ;将累加器 A 中低 16 位数据结果送入 y 中
        ret                      ;子程序返回
        .end                     ;结束伪指令
```

2. 链接命令文件 example. cmd

```
    -e start   ;程序从 start(已定义的全局符号)地址处开始执行
    MEMORY
    {
```

```
PAGE 0:
EPROM:   origin = 0e00H,length = 100H      ;指定程序空间的名称为 EPROM
                                           ;起始地址 0e00H,长度为 100H
PAGE1:
SPRAM:   origin = 0060H,length = 0020H     ;数据空间 SPRAM 起始地址 0060H
                                           ;长度为 0020H
DARAM:   origin = 0080H,length = 100H      ;数据空间 DARAM 起始地址 0080H
                                           ;长度为 100H
         }
     SECTIONS
{.text:  > EPROM PAGE 0                     ;将程序中的.text、.data 段分配到程
                                           ;序空间
.data:   > EPROM PAGE 0
.bss :   > SPRAM PAGE 1                     ;将.bss 段分配到数据空间 SPRAM 中
stack:   > DARAM PAGE 1                     ;将堆栈段分配到数据空间 DARAM 中
}
```

上述程序编译、链接后生成的.out 文件是一个可执行文件,将其载入执行后可得到计算结果。

4.2.1　汇编语言源程序格式

由例 4-1 可知,汇编语言源程序以.asm 为其扩展名,汇编代码的编写可以在任何一种文本编辑器中进行。汇编语言源程序中可能包含汇编语言指令、汇编伪指令和宏命令等汇编语言要素。

1. 指令(Instruction)

汇编语言源程序的每一行都可以由 4 个部分组成。指令的形式为

[标号][:]　助记符　[操作数]　[;注释]

标号——供本程序的其他部分或其他程序调用。标号是任选项,标号后面可以加也可以不加冒号":"。标号必须从第 1 列写起,标号最多可达 32 个字符(A~Z,a~z,0~9,_以及\$),但第一个字母不能以数字开头。引用标号时,标号的大小写必须一致。如果不用标号,则第一个字母必须为空格、分号或星号(*)。

助记符——助记符指令包括操作符、汇编伪指令、宏指令和宏调用。操作符指令一般用大写;汇编伪指令和宏命令,以句号"."开始,且为小写。程序汇编在默认方式下区分符号的大小写,除非汇编时加入特定的开关量。程序中使用的标号必须顶行写,而程序代码不能顶行写。

操作数——指令中的操作数或汇编命令中定义的内容。操作数之间必须用逗号","分开。有的指令无操作数,如 NOP、RESET。

注释——注释从分号";"开始,可以放在指令或汇编命令的后面,也可以放在单独的一行或数行。注释是任选项(如果注释从第 1 列开始,也可以用"*"号。)

2. 伪指令(Directives)

伪指令不生成最终代码(即不占据存储单元),但对汇编器、链接器有重要指示作用,包括段(Section)定义、条件汇编、文件引用、宏定义等。常用的汇编伪指令如表 4-1 所示。

表 4-1　常用的汇编伪指令

汇编伪指令	作　用	举　例
.title	紧随其后的是用双引号括起的源程序名	.title "example.asm"
.end	结束汇编命令	放在汇编语言源程序的最后
.text	紧随其后的是汇编语言源程序正文	.text 段是源程序正文。经汇编后,紧随.text 后的是可执行程序代码
.data	紧随其后的是已初始化数据	有两种数据形式:.int 和.word
.int	用来设置一个或多个 16 位无符号整型量常数	table:.word 1,2,3,4 　　　.word 8,6,4,2
.word	用来设置一个或多个 16 位带符号整型量常数	表示在标号为 table 的程序存储器开始的 8 个单元中存放初始化数据 1、2、3、4、8、6、4 和 2,table 的值为第一个字的地址
.bss	为未初始化变量保留存储空间	.bss x,4 表示在数据存储器中空出 4 个存储单元存放变量 x1、x2、x3 和 x4,x 代表第一个单元的地址
.sect	建立包含代码和数据的自定义段	.sect "vector"定义向量表,紧随其后的是复位向量和中断向量,名为 vector
.usect	为未初始化变量保留存储空间的自定义段	STACK .usect "STACK",10H 表示在数据存储器中留出 16 个单元作为堆栈区,名为 STACK(堆栈地址)

(1) 段定义伪指令

在编写一个汇编语言程序时,可以按照代码段和数据段来考虑问题,这使模块化编程和管理变得更加方便。为便于链接器将程序、数据分段定位于指定的存储器空间,并将不同的.obj文件链接起来,在 TI 公司的 DSP 软件设计中采用了程序、数据、变量分段定义的方法。段的使用有很大的灵活性,但常用以下的约定:

.text —— 此段存放程序代码;

.data —— 此段存放初始化了的数据;

.bss —— 此段存入未初始化的变量;

.sect "名称" —— 定义一个有名段,放初始化了的数据或程序代码;

符号名 .usect "段名",字个数 —— 为一个有名称的段保留一段存储空间,但不初始化;

通常在.out 文件中至少有前 3 种段(由汇编器产生),.sect 和.usect 段是用户自定义的有名称段。

(2) 条件汇编伪指令

.if、.elseif、.else、.endif 伪指令告诉汇编器按照表达式的计算结果对代码块进行条件汇编。

.if expression —— 标志条件块的开始,仅当条件为真(expression 的值非 0 即为真)时汇编代码。

.elseif expression —— 标志若.if 条件为假,而.elseif 条件为真时要汇编代码块。

.else —— 标志若.if 条件为假时要汇编代码段。

.endif——标志条件块的结束,并终止该条件代码块。

(3) 存储器分配和其他伪指令

许多伪指令用于指示汇编器如何为程序、数据分配存储空间,或引用文件、符号等。

① 用于指示汇编器如何引用文件、符号的伪指令。

.include '文件名'——将指定文件复制到当前位置,其内容可以是程序、数据、符号定义等。

.copy '文件名'——与.include 类似。

.def 符号名——在当前文件中定义一个符号,可以被其他文件使用。

.ref 符号名——在其他文件中定义,可以在本文件中使用的符号。

.global 符号名——其作用相当于.def、.ref 效果之和。

.asg ["]字符串["],替代符号——利用.asg 伪指令将一个字符串赋给替代符号,当汇编器遇到替代符号时,就用它的字符串替代它,替代符号可以重新定义。

② 用于初始化常数及其他伪指令

.mmregs——定义存储器映射寄存器的符号名,这样在程序中就可以用 AR0、PMST 等助记符代替存储器映射寄存器的实际地址。

.float 数 1,数 2——指定的各浮点数连续放置到从当前段指针开始的存储器中。

.word 数 1,数 2——指定的各 16 bit 有符号整数连续放置到从当前段指针开始的存储器中。

.int 数 1,数 2——指定的各 16 bit 无符号整数连续放置到从当前段指针开始的存储器中。

.space n——以位为单位,空出 n 位存储空间。

.end——程序块结束。

.set——定义符号常量,如 K .set 256,汇编器将把所有符号 K 换成 256。

.label symbol——定义一个符号,用于指向在当前段内的装入地址而不是运行地址。

(4) 宏定义和宏调用

TMS320C54x 汇编支持宏语言。如果程序中需要多次执行某段程序,可以把这段程序定义(宏定义)为一个宏,然后在需要重复执行这段程序的地方调用这条宏。

宏定义如下:

macname .macro [parameter 1][,…,parameter n]

…

[.mexit]

.endm

其中:macname——宏指令名,必须放在源程序语句的标号位置。.macro——作为宏定义第 1 行的记号,必须放在助记符操作码位置。parameter n——参数表,任选的替代符号。.mexit——跳转到.endm 语句。当检测到宏展开将失败,没有必要完成剩下的宏展开时,终止宏。.endm——结束宏定义,终止宏。

[例 4-2]　宏定义、调用和扩展(C54x)。

1. 宏定义

add3 .macro p1,p2,p3,addrp　　;addrp = p1 + p2 + p3

　　　LD p1,a

```
ADD p2,a
ADD p3,a
STL a,addrp
.endm
```

2. 调用宏

```
.global abc,dof,ghi,adr
add3 abc,dof,ghi,adr
```

其调用执行以下操作:

```
LD abc,A
ADD dof,A
ADD ghi,A
STL A,adr
```

汇编器将每条宏调用语句都展开为相应的指令序列,编写宏时,应先定义宏,再调用宏。宏的作用与调用子程序/函数有类似之处,在源程序中有助于分层次地书写程序,简明清晰,不同之处在于每个宏调用都被汇编器展开,多次调用同一宏时生成的目标代码将比调用子程序时生成的代码长,宏的优点是省去了跳转、返回等子程序调用时的操作,因此执行速度较快。

限于篇幅,仅介绍常用汇编伪指令,其他可参考相关资料。

4.2.2 链接命令文件

DSP 的链接不是仅仅将.obj 文件转换为.out 文件,在转换的过程中系统必须要求有一个.cmd 文件,也就是链接命令文件。.cmd 文件在链接过程中将定义 DSP 的 RAM 和 ROM 空间,然后将程序中的各个段分配到所定义的存储空间,也就是对存储空间起配置作用。这一点和以前的单片机不同,因为 DSP 内部的存储空间已经相当大,有必要进行人为配置,而单片机的存储空间很小,没有配置的必要。此外 DSP 为了编程的方便,在程序中引入了各个段的概念,相应地链接时就有必要进行各个段的分配。在链接命令文件中使用 MEMORY 命令和SECTIONS 命令来定义目标系统的存储器配置图及段的映射。

例 4-3 是一个典型的.cmd 文件,首先指定输入的.obj 文件名,指定输出文件名(.out 文件),指定存储器分配图文件(.map 文件),接着用 MEMORY 命令和 SECTIONS 命令配置和指定存储器资源分配。

[例 4-3] 链接命令文件举例。

```
a.obj b.obj c.obj          ;输入文件名
-o prog.out -m prog.map    ;指定输出文件名和存储器映射文件名
MEMORY                     ;定义目标系统存储器空间

{
  RAM:origin = 100H   length = 0100H
  ROM:origin = 0100H  length = 0100H
}

SECTIONS ;将输入文件中的各个段放到 MEMORY 命令描述的存储器空间中
{
```

```
.text :> ROM
.data :> ROM
.bss :> RAM
}
```

MEMORY 命令将可用的存储器分成若干区,每个区有一个名字,在每个区名字后描述了此区的起始地址(origin 或 org)和长度(length 或 len)。

SECTIONS 命令则将输入文件中用 .text、.data、.bss、.sect 等伪指令定义的段放到 MEMORY 命令描述的存储器区中。

设计者也可以不编写 MEMORY 命令和 SECTIONS 命令,这时链接器采用缺省的存储器配置方法,将所有的 .text 输入段链接成一个 .text 输出段(在可执行输出文件中)。将所有的 .data 输入段组合成一个 .data 输出段,并将 .text 和 .data 段定位到配置为 PAGE0 上的存储器,即程序存储空间。所有的 .bss 输入段组合成一个 .bss 输出段,并定位到配置为 PAGE1 上的存储器,即数据存储空间。如果输入文件中包含有自定义初始化段,则将它们定位到程序存储空间,紧随 .data 段之后,如果输入文件中包含自定义未初始化段,则将它们定位到数据存储空间,紧随 .bss 段之后。

4.2.3　汇编语言中的常数和运算符

1. DSP 汇编程序中常数和字符串

DSP 汇编程序中常数和字符串如表 4-2 所示。

表 4-2　汇编语言中的常数和字符串

数据形式	举　例
二进制	1110001b 或 1111001B(多达 16 位,后缀为 b 或 B)
八进制	226q 或 572Q(多达 6 位,后缀为 q 或 Q 或加前缀数字 0)
十进制	1234 或 +1234,-1234(缺省型)(数值范围为 -32 768~65 535)
十六进制	0A40h 或 0A40H 或 0xA40(多达 4 位,后缀为 h 或 H,必须以数字开始,或加前缀 0x)
浮点数	1.623e-23(仅 C 语言程序中能用,汇编程序中不能用)
字符常数	'D'、"D'(单引号内的一个或两个字符,在内部表示为 8 位的 ASCII 值。若单引号也作为其中的一个字符时需要用两个连续的单引号,如"'D')
字符串	.copy "filename"、.sect "section name"(双引号内的一串字符)

2. 小数的表示方法

TMS320C54x DSP 采用 2 的补码小数,小数点的位置始终在最高位后,其最高位(D15)为符号位,为 Q15 格式,数值范围从 -1~+1。一个 16 位 2 的补码小数(Q15 格式)的每一位的权值为

MSB ⋯　　　　　　　　　　　　　　　　LSB
-1　　1/2　　1/4　　1/8　　⋯　　2^{-15}

这样次高位(D14)表示 2^{-1},然后是 2^{-2},最低位(D0)表示 2^{-15},所以 4000H 表示小数 0.5,1000H 表示小数 $2^{-3}=0.25$。将一个小数用 Q15 定点格式表示的方法是用 2^{15}(即 32 768)乘以该小数,再将其十进制整数部分转换成十六进制数,这样就能得到这个十进制小数的 2 的补

码表示了,如图 4-1 所示。

图 4-1   DSP 定点运算中小数的表示

在汇编语言程序中,是不能直接写入十进制小数的,如果要定义一个系数 0.707,可以写成:.word   32 768 ∗ 707/1 000,而不能写成 32 768 ∗ 0.707。

3. 汇编语言中的运算符

DSP 汇编程序中的运算符如表 4-3 所示。

表 4-3   汇编语言中的运算符

优先级	符 号	含 义
	( )	括号内的表达式最先计算
1	＋ 、－ 、~ 、!	一元加、减、反码、逻辑非(单操作数运算符)
2	∗ 、/、%	乘、除、模运算
3	＋、－	加、减
4	<<、>>	左移、右移
5	<、<=、>、>=	小于、小于等于、大于、大于等于
6	=[=]、! =	等于、不等于
7	&.	按位与
8	^	按位异或
9	|	按位或

4.2.4   堆栈的使用

堆栈被用于保存中断程序、调用子程序的返回地址,也用于保护和恢复用户指定的寄存器和数据,还可用于程序调用时的参数传递。C54x 提供一个 16 位堆栈指针(SP)寻址的软件堆栈,在用户指定的存储区开辟一块存储区作为堆栈存储器。当向堆栈中压入数据时,堆栈从高地址向低地址增长。堆栈指针是减在前、加在后,即先 SP－1 再压入数据,先弹出数据后再 SP＋1。

如果程序中要用到堆栈,必须先进行设置,堆栈的定义及初始化步骤为:

(1) 声明具有适当长度的未初始化段;

(2) 将堆栈指针指向栈底;

(3) 在链接命令文件(.cmd)中将堆栈段放入内部数据存储区。

例如:

```
K_STACK_SIZE  .set 100                        ;堆栈大小,共 100 个单元
STACK      .usect"stack",K_STACK_SIZE         ;自定义未初始化段 stack
SYSTEM_STACK    .set STACK + K_STACK_SIZE     ;堆栈栈底(高地址)
STM ♯SYSTEM_STACK ,SP                         ;初始化 SP 指针
```

以上程序段在.asm 汇编源文件中。自定义未初始化段 stack 在数据 RAM 中的位置应在链接命令文件(.cmd)中指定,例如:

stack :> DRAM PAGE 1

DSP 复位后,堆栈指针(SP)没有初始化,因此,用户在程序中必须对它们适当进行初始化。

4.3　汇编语言程序设计实例

本节介绍 TMS320C54x 汇编语言程序设计的一些基本方法。

4.3.1　程序的控制与转移

TMS320C54x 具有丰富的程序控制与转移指令,利用这些指令可以执行分支转移、循环控制以及子程序操作。基本的程序控制指令如表 4-4 所示。

表 4-4　基本的程序控制指令

分支转移指令		执行周期	子程序调用指令		执行周期	子程序返回指令		执行周期
B[D]	next	4/2[D]	CALL[D]	sub	4/2[D]	RET[D]		5/3[D]
BACC[D]	src	6/4[D]	CALA[D]	src	6/4[D]			
BC[D]	next, cnd	5/3 或 3/3	CC[D]	sub, cnd	5/3 或 3/3	RC[D]	cnd	5/3 或 3/3

注:4/2[D] 表示无延迟操作为 4 个机器周期,有延迟操作为 2 个机器周期。

　　5/3 或 3/3 表示条件成立为 5 个机器周期(无延迟)或 3 个机器周期(有延迟),不成立为 3 个机器周期。

分支转移和子程序调用指令都改写 PC 指针,以改变程序的流向。而子程序调用指令还将返回地址压入堆栈,执行返回指令时复原。

C54x 的分支转移操作分为有条件的分支转移和无条件的分支转移,两者都可以带延迟操作(指令助记符带后缀 D)和不带延迟操作。

1. 条件分支转移

条件分支转移操作与无条件分支转移操作类似,但仅当用户规定的一个或多个条件得到满足时才执行。如果条件满足,就用分支转移指令的第 2 个字(分支转移地址)加载 PC,并从这个地址继续执行程序。条件分支转移指令或条件调用、条件返回指令都用条件来限制分支转移、调用和返回操作。

有关指令特定的条件如表 4-5 所示。

表 4-5　指令的条件代码所对应的条件

条件	说明	条件	说明
BIO	BIO 为低	NBIO	BIO 为高
C	C=1	NC	C=0
TC	TC=1	NTC	TC=0
AEQ	(A)=0	BEQ	(B)=0
ANEQ	(A)≠0	BNEQ	(B)≠0
AGT	(A)>0	BGT	(B)>0

条 件	说 明	条 件	说 明
AGEQ	(A)≥0	BGEQ	(B)≥0
ALT	(A)<0	BLT	(B)<0
ALEQ	(A)≤0	BLEQ	(B)≤0
ALV	A 溢出	BOV	B 溢出
ANOV	A 没有溢出	BNOV	B 没有溢出
UNC	无条件		

指令在把控制权交给程序的另一部分之前可对多个条件进行测试。指令可测试相互独立的条件或者是相互关联的条件;但多个条件只能出自同一组的不同类中。条件的分组和分类如表 4-6 所示。

表 4-6　条件的分组和分类

第一组		第二组		
A 类	B 类	A 类	B 类	C 类
EQ NEQ LT	OV	TC	C	BIO
LEQ GT GEQ	NOV	NTC	NC	NBIO

[例 4-4] 条件分支转移。

```
RC TC                 ;若 TC=1,则返回,否则往下执行
CC sub , BNEQ         ;若累加器 B≠0,则调用 sub,否则往下执行
BC new,AGT,AOV        ;若累加器 A>0 且溢出,则转至 new,否则往下执行
```

单条指令中的多个(2~3 个)条件是"与"的关系。如果需要两个条件相"或",只能分两句写(写成两条指令)。例如,例 4-4 中最后一条指令改为"若累加器 A 大于 0 或溢出,则转移至 new",则可以写成如下两条指令:

```
BC new, AGT
BC new, AOV
```

2. 延迟分支转移

当分支转移指令到达流水线的执行阶段时,其后面的两个指令字则已经被取指了。这两个指令字如何处置,则部分地取决于此分支转移指令是带延迟的还是不带延迟的。如果是带延迟分支转移,则紧跟在分支转移指令后面的一条双字指令或两条单字指令被执行后再进行分支转移;如果是不带延迟转移,就先要将已被读入的一条双字指令或两条单字指令从流水线中清除(没有被执行),然后再进行分支转移。因此,合理地设计好延迟转移指令,可以提高程序的效率。

应当注意,紧跟在延迟指令后面的两个字,不能是造成 PC 不连续的指令(如分支转移、调用、返回或软件中断指令)。

下面举例说明延迟分支转移指令的用法。

[例 4-5]　若要在完成 $R=(x+y)*z$ 操作后转至 next,可以分别编出如下 2 段程序。

利用普通分支转移指令 B　　　　　　利用延迟分支转移指令 BD

　　LD @x,A　　　　　　　　　　　　　　LD @x,A

ADD @y,A	ADD @y,A
STL A,@s	STL A,@s
LD @s,T	LD @s,T
MPY @z,A	BD next
STL A,@r	MPY @z,A
B next	STL A,@r
（共 8 个字,10 个机器周期）	（共 8 个字,8 个机器周期）

由上可见,采用延迟分支转移指令可以节省 2 个机器周期。具有延迟操作功能的指令比非延迟型指令都要快。当然,在调试延迟型指令时,直观性稍差一些,因此,希望在大多数情况下还是采用非延迟型指令。

3. 循环操作

在程序设计时,经常需要重复执行某一段程序。利用 BANZ(当辅助寄存器不为 0 时转移)指令执行循环计数和操作是十分方便的。

[例 4-6]　计算 $y = \sum\limits_{i=1}^{5} x_i$。主要程序如下。

```
        .bss     x,5
        .bss     y,1
        STM      ♯x,AR1
        STM      ♯4,AR2
        LD       ♯0,A
LOOP    ADD      * AR1 + ,A
        BANZ     LOOP, * AR2 -
        STL      A,@y
```

本例中用 AR2 作为循环计数器,设初值为 4,共执行 5 次加法。也就是说,应当用迭代次数减 1 后加载循环计数器。

4.3.2　重复操作

TMS320C54x 有 3 条重复操作指令:RPT(重复下条指令)、RPTZ(累加器清 0 并重复下条指令)以及 RPTB(块重复指令)。利用这些指令进行循环比用 BANZ 指令快得多。

1. 重复执行单条指令

重复指令 RPT 或 RPTZ 允许重复执行紧随其后的那一条指令。如果要重复执行 n 次,则重复指令中应规定计数值为 $n-1$,即重复的次数是指令操作数加 1,这个值保存在 16 位的重复计数寄存器(RC)中,这个值只能由重复指令(RPT 或 RPTZ)加载,而不能编程设置 RC 寄存器中的值,一次给定指令重复执行的最大次数是 65 536。

由于要重复的指令只需要取指一次,与利用 BANZ 指令进行循环相比,效率要高得多。特别是对于那些乘法累加和数据传送的多周期指令(如 MAC、MVDK、MVDP 和 MVPD 等指令),在执行一次之后就变成了单周期指令,大大提高了运行速度。

[例 4-7]　对一个数组进行初始化:$x[5] = \{0,0,0,0,0\}$。

```
.bss x, 5
STM ♯x ,AR1
```

```
      LD ♯0,A
      RPT ♯4
      STL A,＊AR1＋
或者
      .bss x,5
      STM ♯x,AR1
      RPTZ A,♯4
      STL A,＊AR1＋
```

应当指出的是,在执行重复操作期间,CPU 是不响应中断的($\overline{\mathrm{RS}}$除外)。

2. 块程序重复操作

块程序重复操作指令 RPTB 将重复操作的范围扩大到任意长度的循环回路。由于块程序重复指令 RPTB 的操作数是循环回路的结束地址,而且,其下条指令就是重复操作的内容,因此必须先用 STM 指令将所规定的迭代次数加载到块重复计数器(BRC)。

RPTB 指令的特点是:对任意长的程序段的循环开销为 0;其本身是一条 2 字 4 周期指令;循环开始地址(RSA)是 RPTB 指令的下一行,结束地址(REA)由 RPTB 指令的操作数规定。

[**例 4-8**]　对数据组 $x[5]$ 中的每个元素加 1。

```
      .bss x,5
begin:LD ♯1,16,B
      STM ♯4,BRC         ;BRC←4
      STM ♯x,AR4
      RPTB next－1       ;next－1 为循环结束地址
      ADD ＊AR4,16,B,A
      STH A,＊AR4＋
next:LD ♯0,B
      ...
```

在本例中,用 next－1 作为结束地址是恰当的。如果用循环回路中最后一条指令(STH 指令)的标号作为结束地址,若最后一条指令是单字指令程序也可以正确执行,若是双字指令则不能正确执行。

RPT 指令一旦执行,不会停止操作,即使有中断请求也不响应($\overline{\mathrm{RS}}$除外);而 RPTB 指令是可以响应中断的,这一点程序设计时需要注意。

执行 RPT 指令时用到了 RPTC 寄存器(重复计数器);执行 RPTB 指令时要用到 BRC、RSA 和 RSE 寄存器。由于两者用了不同的寄存器,因此 RPT 指令可以嵌套在 RPTB 指令中,实现循环嵌套。由于只有一组块重复寄存器,所以块重复操作不能嵌套。循环嵌套常用的方法是三重循环嵌套结构,内层、中层和外层三重循环分别采用 RPT、RPTB 和 BANZ 指令。

4.3.3　数据块传送

C54x 有 10 条数据传送指令,如下所示。

数据存储器◄──►数据存储器 ： MVDK Smem,dmad

　　　　　　　　　　　　　MVKD dmad,Smem

$$数据存储器 \longleftrightarrow MMR:$$
```
                    MVDD Xmem,Ymem
数据存储器←→MMR：    MVDM dmad,MMR
                    MVMD MMR,dmad
                    MVMM mmr,mmr
程序存储器←→数据存储器：  MVPD Pmad,Smem
                    MVDP Smem,Pmad
                    READA Smem
                    WRITA Smem
```

其中,Smem 为数据存储器的地址;Pmad 为 16 位立即数程序存储器地址;MMR 为任何一个存储器映射寄存器;Xmem、Ymem 为双操作数数据存储器地址;dmad 为 16 位立即数数据存储器地址。

数据传送指令是最常用的一类指令,这些指令传送速度比加载和存储指令快,传送数据不需要通过累加器,可以寻址程序存储空间,与 RPT 指令相结合(一旦启动了流水线,这些指令就成为单周期指令),可以实现数据块传送。

例如,在系统初始化过程中,可以将数据表格与文本一道驻留在程序存储器中,复位后通过程序存储器到数据存储器的数据块传送,将数据表格传送到数据存储器,从而不需要配置数据 ROM,使系统的成本降低。另外,在数字信号处理时,经常需要将数据存储器中的一批数据传送到数据存储器的另一个地址空间。

[例 4-9]　数组 $x[5]=\{1,2,3,4,5\}$ 初始化。

下面给出完整的汇编程序,链接命令文件请参考例 4-3 编写。

```
          .title″ex9.asm″
          .mmregs
          .def _c_int00
          .data
TBL:      .word 1,2,3,4,5
          .sect″.vectors″
          B _c_int00
          .bss x,5
          .text
_c_int00  STM #x,AR5
          RPT #4
          MVPD TBL,*AR5+
          .end
```

[例 4-10]　编写一段程序将数据存储器中的数组 $x[16]$ 复制到数组 $y[16]$。

下面给出完整的汇编程序,链接命令文件请参考例 4-3 编写。

```
          .title″ex10.asm″
          .mmregs
          .def _c_int00
          .data
TBL:      .word 0,1,2,3,4,5,6,7,8,9,a,b,c,d,e,f
```

```
              .sect".vectors"
              B_c_int00
              .bss x,16
              .bss y,16
              .text
_c_int00      STM #x,AR5
              RPT #15
              MVPD TBL, * AR5 +
              STM #x,AR2
              STM #y,AR3
              RPT #15
              MVDD * AR2 + , * AR3 +
              .end
```

4.3.4 双操作数乘法

C54x 片内的多总线结构,允许在一个机器周期内通过 2 个 16 位数据总线(C 总线和 D 总线)寻址 2 个数据和系数,如果要求 $y=mx+b$,单操作数方法和双操作数方法分别为:

单操作数方法

```
    LD @m,T
    MPY @x,A
    ADD @b,A
    STL A,@y
```

双操作数方法

```
    MPY * AR2, * AR3, A
    ADD @b,A
    STL A,@y
```

用双操作数指令编程的特点为:

- 用间接寻址方式获得操作数,且辅助寄存器只能用 AR2~AR5;
- 占用的程序空间小;
- 运行的速度快。

MAC 型双操作数指令有 4 种,如表 4-7 所示。注意,MACP 指令与众不同,它规定了一个程序存储器的绝对地址,而不是 Ymem。因此,这条指令就多一个字(双字指令),执行时间也长(需 3 个机器周期)。

表 4-7　MAC 型双操作数指令

指　令	功　能
MPY Xmem,Ymem,dst	dst=Xmem * Ymem
MAC Xmem,Ymem,src[,dst]	dst=src+Xmem * Ymem
MAS Xmem,Ymem,src[,dst]	dst=src−Xmem * Ymem
MACP Smem,Pmad,src[,dst]	dst=src+Smem * Pmad

注:Smem——数据存储器地址;dst——目的累加器;src——源累加器;Xmem、Ymem——双操作数数据存储器地址;
　　Pmad——16 位立即数程序存储器地址。

对于 Xmem 和 Ymem,只能用以下辅助寄存器及寻址方式。

辅助寄存器:AR2、AR3、AR4、AR5。

寻址方式：$*\mathrm{AR}_n$、$*\mathrm{AR}_n+$、$*\mathrm{AR}_n-$、$*\mathrm{AR}_n+0\%$。

［例 4-11］ 编制求解 $y=\sum\limits_{i=1}^{20}a_ix_i$ 的程序段。

```
STM     ♯x,AR2
STM     ♯a,AR3
RPTZ    A,♯19
MAC     *AR2+,*AR3+,A
STH     A,@y
STL     A,@y+1
```

4.3.5　长字运算和并行运算

1. 长字运算

C54x 可以利用长操作数（32 位）进行长字运算。长字指令如下。

```
DLD     Lmem,dst            ;dst = Lmem
DST     src,Lmem            ;Lmem = src
DLDD    Lmem,src[,dst]      ;dst = src + Lmem
DSUB    Lmem,src[,dst]      ;dst = src - Lmem
DRSUB   Lmem,src[,dst]      ;dst = Lmem - src
```

除 DST 指令存储 32 位数要用 2 个机器周期外，其他都是单字单周期指令，在单个周期内同时利用 C 总线和 D 总线得到 32 位操作数。

长操作数指令中有一个重要问题，既高 16 位操作数和低 16 位操作数在存储器中的排列问题。按指令中给出的地址存取的总是高 16 位操作数，这样就有两种数据排列方法。

偶地址排列法：指令中给出的地址为偶地址，存储器中低地址存放高 16 位操作数。例如：
DLD　*AR3+,B

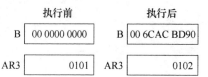

数据存储器

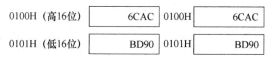

奇地址排列法：指令中给出的地址为奇地址，存储器中低地址存放低 16 位操作数。例如：
DLD　*AR3+,B

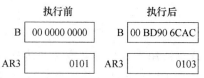

数据存储器

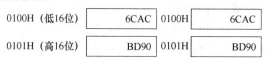

一般采用偶地址排列法,将高 16 位数放在偶地址单元(低地址)中,低 16 位数放在奇地址单元(高地址)中。如在汇编语言中

$$.long\ 12345678H$$

在程序存储器中偶地址中为 1234(高 16 位),奇地址中为 5678(低 16 位)。

$$.bss\ xhi,2,1,1$$

字长(存储单元个数)—————————

在同一页中连续排列—————————

偶地址—————————

在数据存储器中偶地址中为 xhi(x 的高 16 位),奇地址中为 xlo(x 的低 16 位)。

[例 4-12]　编写计算 $Z_{32} = X_{32} + Y_{32}$ 的程序。

汇编源程序如下:

```
        .title"ex12.asm"
        .mmregs
        .def start,_c_int00
        .bss xhi,2,1,1
        .bss yhi,2,1,1
        .bss zhi,2,1,1
table   .long 13578468H
        .long 1020b30AH
        .text
_c_int00
        b start
        nop
        nop
start   LD #xhi,DP
        STM #xhi,AR1
        RPT #3
        MVPD table,*AR1+
        DLD xhi,A
        DADD yhi,A
        DST A,zhi
END     B END
        .end
```

2. 并行运算

并行运算,就是同时利用 D 总线和 E 总线。其中,D 总线用来执行加载或算术运算,E 总线用来存放先前的结果。在不引起硬件资源冲突的情况下,C54x 允许某些指令并行执行(即同时执行)以提高运行速度。并行指令有并行加载—存储指令、并行加载—乘法指令、并行存储—乘法指令以及并行存储—加/减法指令,所有并行指令都是单字单周期指令。

注意,并行运算时存储的是前面的计算结果,存储之后再进行加载或算术运算。大多数并

行运算指令都受 ASM(累加器移位方式)位影响。

[**例 4-13**]　利用并行指令编写计算 $z=x+y$ 和 $f=d+e$ 的程序。

```
        .title″ex13.asm″
        .mmregs
        .def start,_c_int00
        .bss x,3
        .bss d,3
        .data
table： .word 1357H,0BCDH,0,2468H,1ABCH,0
_c_int00
        b start
        nop
        nop
start   STM ♯x,AR1
        RPT ♯5
        MVPD table,*AR1+
        STM ♯x,AR5
        STM ♯d,AR2
        LD *AR5+,16,A
        ADD *AR5+,16,A
        ST A,*AR5
        ||LD *AR2+,B
        ADD *AR2+,16,B
        STH B,*AR2
END     B END
        .end
```

4.3.6　浮点运算

1. 浮点数的表示方法

浮点数由尾数和指数两部分组成。

浮点数＝尾数$\times 2^{(-指数)}$

浮点数的尾数和指数可正可负,均用补码表示;指数的范围从$-8\sim31$。

例如定点数 0x2000(0.25)用浮点数表示时,尾数为 0x4000(0.5),指数为 1,即 $0.25=0.5\times 2^{-1}$。

2. 定点数转换为浮点数

(1) EXP src

功能:提取指数。计算 src 的指数值并存放于 T 寄存器中。

指数值通过计算 src 的冗余符号位数并减 8 得到,冗余符号位数等于去掉 40 位 src 中除符号位以外的有效位所需左移的位数。累加器 src 中的内容不变。指数的数值范围是$-8\sim31$。例如:

EXP A

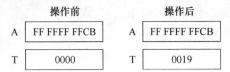

（2）ST T,EXPONENT

将保存在 T 寄存器中的指数存放到数据存储器的指定单元中。

（3）NORM src [,dst]

将 src 中有符号数左移 TS 位,结果存放在 dst 中。

该指令常与 EXP 指令结合使用,完成归一化处理。例如:

NORM A

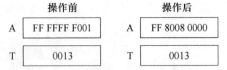

3. 浮点数转换为定点数

按指数值将尾数右移(指数为负时左移)。

[例 4-14] 编写浮点乘法程序,完成 $x_1 \times x_2 = 0.3 \times (-0.8)$ 的运算。要求包括将定点数转换为浮点数、浮点乘法,最后再将浮点数转换为定点数。

程序中保留 10 个数据存储单元:

x_1(被乘数) e_1(被乘数的指数) m_1(被乘数的尾数)

x_2(乘数) e_2(乘数的指数) m_2(乘数的尾数)

product(乘积)   ep(乘积的指数)   mp(乘积的尾数)

temp(暂存单元)

```
.title        "exp22.asm".def    start
STACK:        .usect     "STACK",100
              .bss       x1,1
              .bss       x2,1
              .bss       e1,1
              .bss       m1,1
              .bss       e2,1
              .bss       m2,1
              .bss       ep,1
              .bss       mp,1
              .bss       product,1
              .bss       temp,1
              .data
table:        .word      3 * 32 768/10
              .word      -8 * 32 768/10
              .text
start:        STM        #STACK+100,SP    ;设置堆栈指针 SP
```

```
            MVPD       table,@x1          ;将 x1 和 x2 传送至数据存储器
            MVPD       table+1,@x2
            LD         @x1,16,A           ;将 x1 规格化为浮点数
            EXP        A
            ST         T,@e1              ;保存 x1 的指数
            NORM       A
            STH        A,@m1              ;保存 x1 的尾数
            LD         @x2,16,A           ;将 x2 规格化为浮点数
            EXP        A
            ST         T,@e2              ;保存 x2 的指数
            NORM       A
            STH        A,@m2              ;保存 x2 的尾数
            CALL       MULT               ;调用浮点乘法子程序
done：      B          done
MULT：      SSBX       FRCT
            SSBX       SXM
            LD         @e1,A              ;指数相加
            ADD        @e2,A
            STL        A,@ep              ;乘积指数→ep
            LD         @m1,T              ;尾数相乘
            MPY        @m2,A              ;乘积尾数存放在累加器 A 中
            EXP        A                  ;对尾数乘积规格化
            ST         T,@temp            ;规格化时产生的指数→temp
            NORM       A
            STH        A,@mp              ;保存乘积尾数→mp
            LD         @temp,A            ;修正乘积指数
            ADD        @ep,A              ;(ep)+(temp)→A
            STL        A,@ep              ;保存乘积指数→ep
            NEG        A                  ;将浮点乘积转换为定点数
            STL        A,@temp            ;乘积指数反号,并加载到 T 寄存器
            LD         @temp,T
            LD         @mp,16,A           ;再将尾数按 T 移位
            NORM       A
            STH        A,@product         ;保存定点乘积
            RET
            .end
```

最后得到 $0.3 \times (-0.8)$ 乘积浮点数为:尾数 0x8520;指数 0x0002。乘积的定点数为 0xE148,对应的十进制数等于 $-0.239\,99$。

4.4　软件编程时需注意的几个问题

1. 系统上电时要注意的问题

在一个 DSP 系统中会不可避免地存在时序的问题,在系统中各种速度不一样的电路会对时序会有不同的要求,在某些情况下程序本身并没有问题,但运行的结果就是不对。举一个很简单的例子,系统刚上电时如果 DSP 立即对外设进行操作,在很多情况下会失败,因为一般情况外设的上电复位的速度要比 DSP 慢得多,如 A/D、D/A 转换芯片等,在 DSP 可以工作的时候,它还没有完成上电复位,此时如果对其进行操作将会失败,所以在上电的时候,DSP 必须等所有的其他电路准备好之后才可以运行程序,对其他电路进行操作。所以在 DSP 系统上电的时候,一般在程序加载完成之后需要插入一段等待时间,可以使用循环空操作指令完成。待系统中其他芯片都完成上电复位的过程之后再对它进行操作,就可以解决这个问题。

2. 流水线冲突

在 C54x DSP 中采用 6 级流水线操作。所谓流水线操作,就是将每一条指令分成多个执行部分,分步执行。因此,流水线冲突不可避免。一般情况下,当发生流水线冲突时,由 DSP 自动插入延迟解决冲突问题。但有些情况下 C54x 无法自动解决冲突问题,需要程序员通过调整程序语句的次序或在程序中插入一定数量的 NOP 指令来解决。这一点对于刚开始进行 C54x 编程的用户来说十分不便,但却非常重要。如果在调试程序时不能得到正确结果,而又找不到程序错误,就应该想到是否发生了流水线冲突。解决方法是单步执行程序,查看流水线冲突的地方,然后在合适的位置插入 1～2 个 NOP 指令。例如:

```
STL B , AR1
LD * AR1 + ,T
```

单步执行可以看到 B 的值还没有送到 AR1 中,就开始执行 LD 指令了,这样,自然产生错误的运行结果。只要在这两个语句之间加上 2 个 NOP 指令就可以了。

如果程序是用 C 语言编写的,则 C 编译器生成的汇编指令不会发生流水线冲突,如果用汇编语言编程,特别是在对存储器映射寄存器(MMR)写操作时,需要注意流水线冲突问题。

3. 编译模式的选择

在 ST1 状态寄存器中,有 1 位编译器模式控制位 CPL。CPL 用于指示相对直接寻址中采用哪种指针。当 CPL＝0 时,采用页指针 DP;当 CPL＝1 时,采用堆栈指针 SP,要注意在切换模式时可能引起的流水冲突。

另外,ST1 中的符号扩展的使用也应注意,SSXM 及 RSXM 的使用必须及时切换,否则就会出现溢出的情况。

4. 合理使用存储器

C54x DSP 系列芯片内部集成了不同容量的 RAM 和 ROM,内部的 RAM 和 ROM 在运行的时候不需要插入等待,便于程序的全速运行。

片内的 ROM 对于一般的用户是无法使用的,只是在产品成熟之后需要将某些程序固化在片内的时候,可以到 DSP 的生产厂家做掩膜(厂家要求芯片数量一般在 1 万个以上)。

目前所用的 TMS320C54x 系列芯片的内存越来越大,如 TMS320VC5410 具有 64 KB 的片内 RAM,TMS320VC5416 有高达 128 KB 的片内 RAM,如此大的片内 RAM 对于一般的应用场合已经足够。

但如果在某些场合,如为了节约成本选用片内 RAM 较小的 CPU 或程序太大,除了片内 RAM 外,还需要片外的 RAM,在这种情况下就要合理地分配片内 RAM 的使用。如果某些程序需要大量的运算,如卷积运算和其他的滤波运算的时候,留一部分片内单元给这部分程序,这样可以提高系统的运算速度和效率。而对于一般的对 RAM 操作较少的程序就不要分配固定的片内 RAM。

另外可以留出一部分公用的片内 RAM,程序用过之后立即清除,以便于其他的程序重新使用这部分 RAM 空间,当然在使用的时候要注意不要重复使用,尤其在中断使用公用的 RAM 时往往会出错,需要特别注意。

5. 程序的模块化、程式化设计

在编制程序时往往会用到一些相同的程序,或者是程序大致相同,仅需修改个别参数,因此,在编程序的时候尽量使用公用的程序,在调用前给出相应的参数即可。模块化的设计可以减少程序量,减少编程的错误。如常用的延时程序,FFT 变换、IFFT 变换程序,FIR 滤波器程序等程序一般都具有固定的格式,有成熟的程序段可以直接利用,这样可以节省大量的编程时间。

6. 引导方式

DSP 芯片的存储空间一般都有 ROM 和 RAM,对于一般用户,DSP 片内的掩膜 ROM 是没有用的;若将程序上交到 TI 公司,要求在生产芯片时将程序掩膜到 ROM,估计得有较大的产量公司才能接受。所以一般用户只能使用内部的 RAM 空间。但片内 ROM 带有一些 TI 公司固化的程序,如引导程序 BOOTLOAD ,BOOTLOAD 程序起 DSP 复位后自动载入用户程序的作用,这个过程称为引导。

DSP 复位后,若 MP/$\overline{\text{MC}}$=1,DSP 就直接从片外地址 FF80H 开始执行指令,FF80H 必须放 16 位指令码。

若 MP/$\overline{\text{MC}}$=0,DSP 进入引导方式,将执行片内 BOOTLOAD 程序,此程序将从 DSP 外部读入用户程序到 DSP 片内 RAM 执行。

标准的 BOOTLOAD 程序提供从不同的外围设备读程序的功能,这些外围设备可以是以下几种:

(1) 8 位或 16 位的并行 EPROM、EEPROM、FLASH;

(2) 8 位或 16 位的并行 I/O 口;

(3) 8 位或 16 位的串行方式;

(4) HPI 方式等。

TMS320C54x 系列各种 DSP 的引导方式差异较大,硬件电路连接和引导代码的生成请读者参考相应的器件说明书。

本 章 小 结

本章主要介绍 TMS320C54x 的软件开发及汇编语言的程序设计基础。介绍了汇编语句书写时应当遵循的规则以及汇编语言程序设计的基本方法。掌握控制程序、重复操作程序和数据块传送程序的编制,熟悉算术运算程序、小数运算程序、浮点运算程序的编写,可以为数据运算打下良好的基础。

思 考 题

1. 伪指令起什么作用? 它占用存储空间吗?

2. 链接命令文件有什么作用? 如何使用 MEMORY 命令和 SECTIONS 命令?

3. 在堆栈操作中,PC 当前地址为 4020H,SP 当前地址为 0013H,运行 PSHM AR7 后,PC 和 SP 的值分别是多少?

4. 试编写 $0.25 * (-0.1)$ 的程序代码。

5. 将定点数 0.001 25 用浮点数表示。

6. 如何使用宏定义和宏调用?

7. 初始化段和未初始化段有何区别?

第5章 CCS集成开发软件

Code Composer Studio(简称 CCS)是 TI 公司为 TMS320 系列 DSP 软件开发推出的集成开发环境。CCS 是一个开放的并具有强大集成能力的开发环境,该套开发环境集代码生成工具和代码调试工具为一体,能完成 DSP 系统开发过程的各个环节。目前 CCS 已经经历了 CCS1.1、CCS1.2、CCS2.0、CCS2.2、CCS3.1 等版本,有 CC2000(针对 C2x)、CCS5000(针对 C54x)、CCS6000(针对 C6x)等不同的型号。在 TI 公司网站上可以下载免费使用期限为 30 天的试用版,各种不同版本和型号之间的差别不大。下面将以 CCS5000(以下简称 CCS)为例介绍其在 C54x 系统开发中的应用。

5.1 CCS 主要功能

CCS 提供了非常良好的用户界面,面向窗口,具备丰富的图形图标,辅之以完整的可即时访问的在线帮助文档,使设计人员不必记忆复杂的命令,大幅度减少 DSP 的编程时间。其主要功能如下。

1. 源代码编辑功能

(1) CCS 编辑器可以实现 C 语言和汇编语言的源代码生成。同时,设计者可以采用 C 语言和汇编语言的混合显示模式,即在每一条 C 语言后,显示出相应的汇编语言指令。

(2) CCS 编辑器对关键字、注释、字符串等以不同颜色高亮度方式显示。

(3) CCS 编辑器能够在一个或多个文件中查找、替换、快速搜寻特定字符串。同时,CCS 编辑器下的一些常用命令,如文件的生成、打开、存储以及文本的剪切、拷贝、粘贴等和常用软件一样,便于掌握。

(4) CCS 提供与文本相关的实时帮助。

(5) 用户可以根据自己的习惯定制不同的快捷方式。

2. 生成(Build)功能

在 CCS 开发系统中,使用工程(Project)来管理应用程序设计文档,每一个 DSP 系统所用到的源代码文件、目标文件、链接命令文件等都包含在相应的工程中。CCS 对某一应用系统的生成(Build),实际上是实现对该工程的编译、汇编及链接,在对工程的生成过程中,CCS 有下面的功能。

(1) 对一个工程的全部生成。

(2) 仅对修改后的内容进行生成。

(3) 自动错误定位,在对源代码进行编译、汇编后,可以给出错误、警告信息,双击某个错误,CCS 即可自动打开或激活有错误的源文件,并且光标自动移至有错误的一行。

3. 调试功能

(1) 提供完善的控制程序运行的特征,如条件执行、单步执行、断点设置和清除等。

(2) 综合数据显示能力,可以方便地通过不同窗口显示和修改变量、存储器和寄存器的值。

(3) 使用探点(Probe Point)工具将数据从文件传到目标板,或从目标板输出到某文件。

(4) 对信号进行图形显示。

(5) 运行时间统计。

(6) 显示反汇编文件和 C 文件,实现 C 语言和汇编语言源码的同时调试。

5.2 CCS 的安装和设置

1. CCS 系统安装

进行 CCS 系统安装时,将 CCS 安装盘放入光驱,运行光盘根目录下的 setup.exe,按照安装向导的提示将 CCS 安装到硬盘中。安装完成后,安装程序将自动在计算机桌面上创建"CCS""Setup CCS"等快捷图标,前一个是执行程序,后一个是系统设置程序,在安装 CCS 软件之后、运行 CCS 之前,首先需要运行 CCS 设置程序,根据用户所拥有的软、硬件资源对 CCS 进行适当的设置。

2. CCS 系统设置

启动 Setup CCS 应用程序,单击"Close"按钮关闭 Import Configuration 对话框,将显示 Code Composer Studio Setup 窗口,如图 5-1 所示。

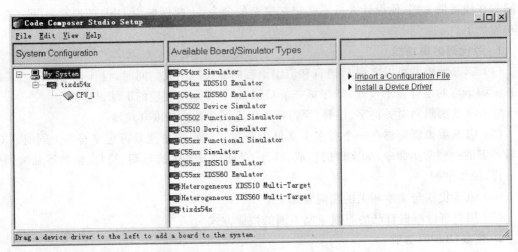

图 5-1 Code Composer Studio Setup 窗口

在设置窗口 Available Board/Simulator Types 栏中,C54x XDS(德州仪器公司)为 TI 公司 ISA 仿真器 CCS5000 驱动程序,C54x Simulator(德州仪器公司)为 TI 公司 C54x 软件仿真驱动程序,C55x Simulator(德州仪器公司)为 TI 公司 C55x 软件仿真驱动程序。

(1) 安装硬件仿真驱动程序

在仿真器连接到 PC 机后,要添加相应的硬件仿真驱动程序,此时选择如图 5-1 Code Composer Studio Setup 窗口中所示的 Install a Device Driver 项,出现如图 5-2 所示的对话框,选择相应的驱动程序如"tixds54x.dvr"打开,弹出"Device Driver Properties"窗口,如图 5-3 所示,在此窗口中,可以为驱动程序命名。

图 5-2　驱动程序选择对话框

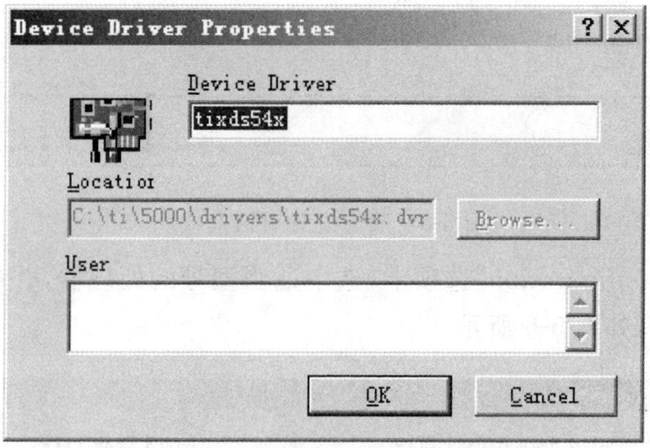

图 5-3　驱动程序属性对话框

单击"OK"按钮,在 Available Board/Simulator Types 栏中可以看到新添加的驱动程序"tixds54x.dvr",选中此驱动程序,执行"Edit"→"Add to System",此时弹出"Board Properties"对话框,如图 5-4 所示,在此可以为驱动程序重新命名。

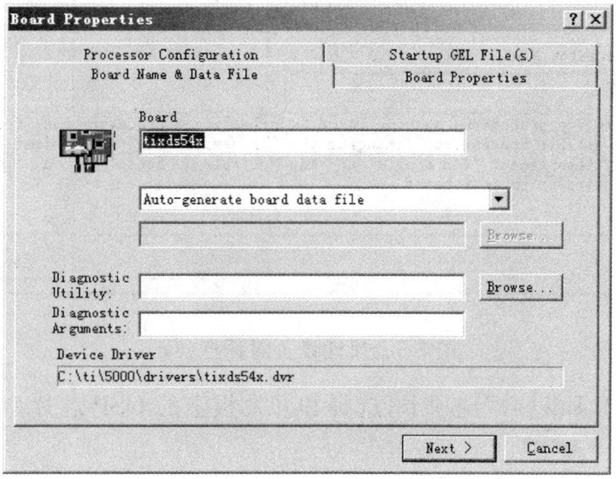

图 5-4　属性设置对话框(1)

单击此对话框中的"Board Properties"选项卡，可以修改 I/O 端口值，T1 公司的并口仿真器的输入输出端口号默认为 0x240，如图 5-5 所示。

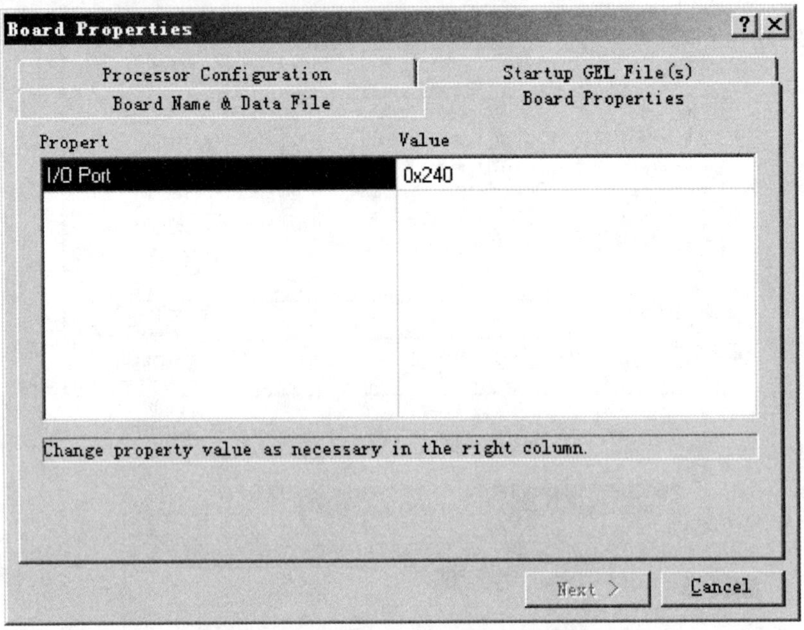

图 5-5　属性设置对话框(2)

单击"Processor Configuration"选项卡，选中适当型号的处理器，并单击"Add Single"按钮将 CPU_1 加入配置中，如图 5-6 所示。

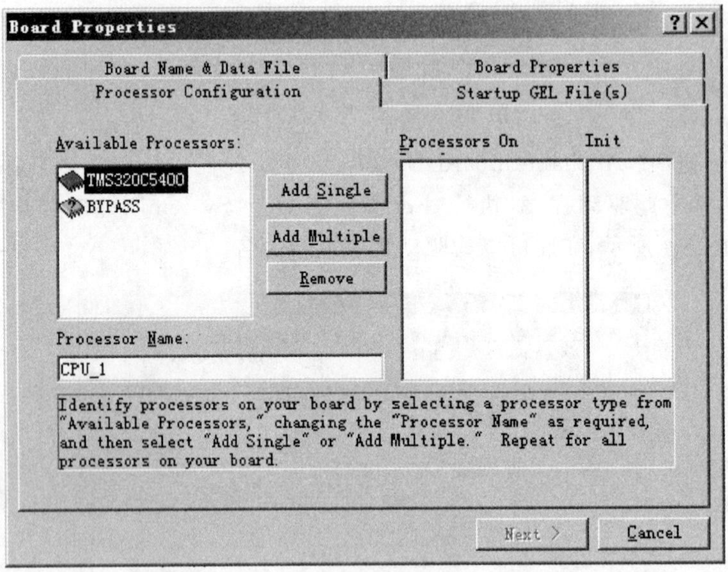

图 5-6　属性设置对话框(3)

单击"Startup GEL File(s)"选项卡，选择和开发板上的 DSP 芯片型号匹配的 GEL 文件，如图 5-7 所示。

单击"finish"按钮，结束，将配置保存后，便可以启动 CCS。

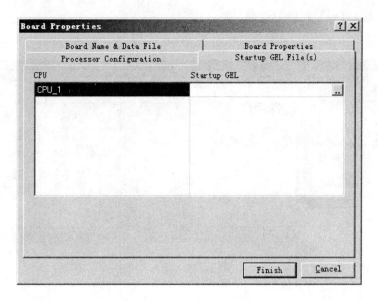

图 5-7　属性设置对话框(4)

（2）安装软件仿真驱动程序

在没有目标板的情况下，设计者可以使用 Simulator(软件模拟器)模拟 DSP 程序的运行。若安装 Simulator 驱动程序，在图 5-1 中的 Available Board/Simulator Types 栏中用鼠标将 C54x Simulator（德州仪器公司）拖拽到 System Configuration 栏中，会弹出 Board Properties 对话框，此对话框的设置方法与安装硬件驱动程序类似，保存设置后，运行 CCS 即可启动 Simulator 的运行。

当然，在系统设置时，可以同时安装 Simulator(软件模拟器)和 Emulator(硬件仿真器)的驱动程序，则运行 CCS 时将启动并口调试管理器(Parallel Debug Manager)，如图 5-8 所示，此时需从 Open 菜单中选择是启动硬件仿真还是软件仿真。

图 5-8　并口调试管理器

5.3　CCS 的使用

1. 窗口

在完成了 CCS 系统设置后，单击桌面上的 CCS 图标，启动 CCS，图 5-9 所示为 CCS 软件启动后的界面。部分窗口是否出现需根据 CCS 选项的设置而定，具体设置由"View"菜单完成。

从图 5-9 可见，启动 CCS 后，通过"View"菜单的设置，使 CCS 能同时显示多种不同类型的窗口，窗口的名称同时显示在窗口的顶行。CCS 窗口主要包括如下内容。

（1）项目窗口

项目窗口是显示一个实时 DSP 系统所有文件的管理窗口，它将一个实时 DSP 所用到的所有文件按类型以树的形式组织起来。

图 5-9　CCS 软件启动后的界面

（2）信息显示窗口

在信息显示窗口内，可以显示各种信息，如工程编译、汇编、链接信息、错误信息或命令输出等。

（3）代码显示窗口

该窗口显示汇编语言代码或 C 语言代码，有如下 2 种代码显示窗口：

- 反汇编窗口——显示内存的反汇编码。
- 编辑窗口——显示任何文本文件，包括 C 语言源程序、汇编语言及链接命令文件源代码。

（4）数据显示窗口

该窗口观察和修改各种类型的数据，有下面几种常用的显示窗口：

- 内存显示窗口——显示一定范围的内存内容。
- CPU 窗口——显示处理器各个寄存器的内容。
- 图形窗口——显示数据对应的图形。
- 外设寄存器窗口——显示外部设备各个寄存器的内容。

同时，在 CCS 环境下，可根据需要关闭或打开某个或某一些窗口，还可以对窗口大小及位置进行任意改变，且多个窗口之间可以很容易地相互切换，这给程序的调试带来了极大的方便。

2. 菜单

CCS 集成开发环境中共有 12 项菜单，以下对其中较为重要的菜单功能进行介绍。

(1) File 菜单

File 菜单提供了与文件操作相关的命令,其中比较重要的操作命令如表 5-1 所示。

表 5-1　File 菜单命令

菜单命令		功　　能
New	Source File	建立一个新的源文件(.c,.asm,.h,.cmd,.gel,.map,.inc 等)
	DSP/BIOS Configuration	建立一个新的 DSP/BIOS 配置文件
	Visual Linker Recipe	打开一个 Visual Linker Recipe 向导
	ActiveX Document	在 CCS 中打开一个 ActiveX 文档(如 Microsoft Word)
Load Program		将 DSP 可执行的公用目标文件格式 COFF(.out)载入仿真器中
Load Symbol		将符号信息载入 DSP 目标系统中。当调试器不能或没有必要加载 COFF 时,此命令只清除符号表,不更改存储器内容和设置程序入口
Add Symbol		在原来符号表的基础上添加符号信息。不清除原来已经存在的符号表,只是在其中添加新的符号
Reload Program		重新加载 DSP 可执行的 COFF,如果程序未作更改,只加载可执行程序而不加载符号表
Load GEL		加载通用扩展语言文件到 CCS 中。在调用 GEL 函数之前,应将包含该函数的文件加入 CCS 中,以将 GEL 函数先调入内存,当加载的文件被修改后,应先删除该文件,再重新加载,以使修改生效,加载 GEL 函数时会检查文件的语法错误,但不检查变量
Data	Load	将主机文件中的数据加载到 DSP 目标系统板上,可以指定存放的数据长度和地址。数据文件的格式可以是 COFF 格式,也可以是 CCS 支持的其他数据格式
	Save	将 DSP 目标系统板上存储器中的数据加载到主机的文件中
File I/O		允许 CCS 在主机文件和 DSP 目标系统板之间传送数据,一方面可以从 PC 文件中取出算法文件或样本用于模拟,另一方面也可以将 DSP 目标系统处理后的数据保存在主机文件中。File I/O 功能主要与 Probe Point 配合使用。Probe Point 将告诉调试器何时从主机文件中输入/输出数据。File I/O 功能不支持实时数据交换,实时数据交换应使用 RTDX 功能

(2) Edit 菜单

Edit 菜单提供的是与编辑相关的命令,除了 Undo/Redo/Cut/Copy/Paste 常用的文件编辑命令外,还有如下一些比较重要的命令,如表 5-2 所示。

表 5-2　Edit 菜单命令

菜单命令		功　　能
Find in Files		在多个文本文件中查找特定的字符串或表达式
Go To		快速定位并跳转到源文件中某一指定的行或书签处
Memory	Edit	编辑存储器的某一存储单元
	Copy	将某一存储块(利用起始地址和长度)的数据复制到另一存储块中
	Fill	将一段存储块全部填入一个固定的值
	Patch Asm	在不修改源文件的情况下修改目标 DSP 的执行代码

菜单命令	功　　能
Edit Register	编辑指定寄存器中的值,包括 CPU 的寄存器和外围寄存器中的值。由于 Simulator 不支持外围寄存器,所以不能在 Simulator 中编辑外设寄存器的内容
Edit Variable	修改某一变量的值。对定点的 DSP 芯片而言,如果 DSP 目标系统的内存有多个页面,则可以使用@prog、@data 和@io 来分别指定存储器中的程序段、数据段和 I/O
Edit Command Line	提供输入表达式或执行 GEL 函数的快捷方法
Column Editing	对某一矩形区域内的文本进行列编辑
Bookmarks	在源文件中定义一个或多个书签,便于快捷定位

（3）View 菜单

在 View 菜单中,可以选择是否显示各种工具栏、各种窗口和各种对话框等。其中比较重要的命令如表 5-3 所示。

表 5-3　View 菜单命令

菜单命令		功　　能
Disassembly		将 DSP 可执行程序 COFF 载入目标系统后,CCS 将自动打开一个反汇编窗口,反汇编窗口根据存储器的内容显示返回指令和符号信息
Memory		显示指定的存储器中的内容
CPU Registers	CPU Registers	显示 DSP 的 CPU 寄存器中的值
	Peripheral Regs	显示外设寄存器的值
Watch Window		检查和编辑 C 语言表达式或变量的值。可以用不同的格式显示数值,可以显示数值、结构或指针等包含多个元素的变量
Call Stack		检查所调试程序的函数调用情况。该命令只在调试 C 语言程序时有效,而且程序中必须有一个堆栈段和一个主函数,否则将显示"C source is not available"
Expression List		所有的 GEL 函数和表达式都采用表达式求值程序来估算。求值程序可对多个表达式求值,在求值过程中,可选择表达式,并单击 Abort 按钮取消求值。该命令在函数执行到死循环或执行时间太长时非常有用
Project		CCS 启动后将自动打开工程视图。在工程视图中,文件按其性质分为源文件、头文件、库文件及命令文件
Mixed Source/ASM		同时显示 C 代码及相关的反汇编代码(反汇编代码位于 C 语言代码下方)

（4）Project 菜单

CCS 使用 Project 来管理整个设计过程,它不允许直接对 DSP 汇编源代码或 C 语言源代码文件 Build 生成 DSP 可执行代码。只有在建立工程文件的基础上,在菜单或工具栏上运行 Build 命令才会生成可执行代码。工程文件被存盘为 . mak 文件。在 Project 菜单下,除了 New/Open/Close 等常见命令外,还有一些比较重要的命令,如表 5-4 所示。

表 5-4　Project 菜单命令

菜单命令	功　能
Add Files to Project	将文件加载到工程中。CCS 根据文件的扩展名将文件加到相应的子目录中,工程文件支持 C 语言源文件(＊.c＊)、汇编语言源文件(＊.a＊,＊.s＊)、库文件(＊.o＊,＊.lib＊)、头文件(＊.h＊)和链接命令文件(＊.cmd＊)。其中 C 语言和汇编源文件可被编译和链接;库文件和链接命令文件只能被链接;CCS 会自动将头文件添加到工程中
Compile File	编译 C 语言或汇编语言源代码文件
Build	重新编译和链接 C 语言或汇编语言源代码文件,对于没有修改的源文件,CCS 不重新编译
Rebuild All	对工程中所有文件重新编译,并链接生成 DSP 可执行的 COFF 文件
Stop Build	停止正在 Build 的进程
Build Options	用来设定编译器、汇编器和链接器的参数
Recent Project Files	加载最近打开的工程文件

（5）Debug 菜单

Debug 菜单显示常用的调试命令,如表 5-5 所示。

表 5-5　Debug 菜单命令

菜单命令	功　能
Breakpoints	设置/取消断点。当程序执行到断点时,停止运行,可以检查程序的运行状态,查看并修改变量、存储器和寄存器的值,也可以查看堆栈。设置程序的断点时应注意下面两点： （1）不要将断点设置在任何延迟分支或调用指令的地方; （2）不要将断点设置在重复块指令倒数第 1、2 行指令的地方
Probe Points	探测点设置。允许更新观察窗口,并在算法的指定处将主机文件的数据读到 DSP 目标系统的存储器中,或将 DSP 目标系统的存储器中的数据写入到主机文件中,此时应设置为 File 的 I/O 属性。对每一个建立的窗口,默认情况是在每个断点处更新窗口显示,当用探测点更新窗口时,目标程序将临时停止执行,当窗口更新后,程序将继续执行。因此 Probe Points 不能满足 RTDX 的需要
Step Into	单步执行。如果运行到调用函数处,将跳入到函数中单步执行
Step Over	单步执行。与 Step Into 不同的是,为了保护处理器的流水线操作,该指令后的若干条延迟指令将同时被执行。如果运行到函数调用处,将直接执行完整个函数的功能而不能跳入到函数内部进行单步执行,除非在函数内部设置了断点
Step Out	跳出函数或子程序执行。当使用 Step Into 或 Step Over 单步执行指令时,如果程序运行在一个子程序中,执行该命令将使程序执行完函数或子程序后,回到调用该函数或子程序的地方。在 C 语言源程序模式下,根据标准运行 C 堆栈来推断返回地址,否则根据堆栈顶的值来求得调用函数的返回地址。因此,如果汇编程序使用堆栈来存储其他信息,则 Step Out 命令可能会不正常工作
Run	从当前 PC 处开始执行程序,碰到断点时暂停
Halt	中止程序运行
Animate	动画运行程序。当碰到断点时程序暂时停止运行,在更新任何与 Probe Points 相关联的窗口后,程序继续执行。该命令的作用是在每个断点处显示处理器的状态,可以在 Option 菜单下选择 Animate Speed 来控制其速度

菜单命令	功　　能
Run Free	从当前 PC 处开始执行程序,忽略所有的断点(包括 Breakpoints 和 Probe Points)。该命令在 Simulator 下无效,在使用 Emulator 进行仿真调试时,该命令将断开与目标系统板的连接,因此可以移走 JTAG 电缆。在运行 Run Free 指令时,将对 DSP 目标系统复位
Run to Cursor	执行到光标处,光标所在行必须为有效的代码行
Multiple Operation	设置单步执行的次数
Reset CPU	复位 DSP 目标系统,初始化所有的寄存器,中止程序的执行
Restart	将 PC 的值恢复到程序的入口,但该命令不开始程序的执行
Go Main	在程序的 Main 符号处设置一个临时断点,该命令仅在调试 C 语言源代码时起作用

（6）Profile 菜单

剖切(Profiling)是 CCS 的一个重要功能。它可提供程序代码特定区域的执行统计,从而使开发设计人员能检查程序的性能,对源程序进行优化设置。它可以在调度程序时,统计某一块程序执行所需要的 CPU 时钟周期数、程序分支数、子程序被调用数和中断发生次数等统计信息。该菜单命令如表 5-6 所示。

表 5-6　Profile 菜单命令

菜单命令	功　　能
Profile Points	设置剖切点。剖切点是一种特殊的断点,在每个剖切点处 CCS 将计算自上一个剖切点以来的机器周期数及其他事件的发生次数。与其他断点不同的是,统计数计算完毕后程序将继续执行。剖切点设置后,可以被使能,也可以被禁止
View Statistics	在剖切统计窗口(Profile Statistics Window)中显示每个剖切点处的统计数据,包括该剖切点执行的次数及最小、最大、平均和总的指令周期数。程序每次执行到剖切点时都会更新剖切统计窗口,但太多的更新窗口将降低剖切功能的性能。有两种减小窗口更新次数的办法:一种是把更新窗口与剖切点相连接;另一种是根据需要打开或关闭更新窗口
Enable Clock	为了获得指令的周期及其他事件的统计数据,必须使用 Profile Clock。当 Profile Clock 被禁止时,将只能计算到达每个 Profile Points 的次数,而不能计算统计数据 指令周期的计算方式与 DSP 的驱动程序有关,对使用 JTAG 扫描路径进行通信的驱动程序,指令周期通过处理器的片内分析功能进行计算,其他的驱动程序则可以使用其他类型的定时器。Simulator 使用模拟的 DSP 片内分析接口来统计剖析数据。当时钟使能时,CCS 调试器将占用必要的资源以实现指令周期的计数 Profile Clock 作为一个变量(CLK)通过 Clock 窗口被访问。CLK 变量可在 Watch 窗口观察,并可以在 Edit Variable 对话框中修改其值。CLK 还可以在用户定义的 GEL 函数中使用

菜单命令	功　能
Clock Setup	设置时钟。在 Clock Setup 对话框中,Instruction Cycle Time 域用于输入执行一条指令的时间,其作用是在显示统计数据时将指令周期数转换为时间或频率用于显示 在 Count 域选择剖切的事件。对某些驱动程序而言,CPU Cycles 可能是唯一的选项。对于使用片内分析功能的驱动程序而言,可以剖切其他事件,如中断次数、子程序或中断返回次数、分支数及子程序调用次数等 可使用 Reset Option 参数来决定如何计数。如选择 Manual 选项,则 CLK 变量将不断累加指令周期数,这与 TI Simulator 类似;如选择 Auto 选项,则在每次 DSP 运行前,自动将 CLK 置为 0,因此 CLK 变量显示的是上一次运行以来的指令周期数,这与 TI Emulator 类似
View Clock	打开 Clock 窗口,显示 CLK 变量的值。双击 Clock 窗口的内容可直接复位 CLK 变量

（7）Option 菜单

Option 菜单用于设置字体、颜色和键盘等,比较重要的菜单命令如表 5-7 所示。

表 5-7　Option 菜单命令

菜单命令	功　能
Font	设置字体。单击该命令后,出现字体设置对话框,在该对话框中可以设置字体、大小及显示样式等
Disassembly Style	设置反汇编窗口的显示模式。单击该命令,出现设置对话框。在该对话框里,可以设置反汇编的显示为助记符或者代数符号,直接寻址与间接寻址显示为十进制、二进制或十六进制等
Memory Map	用来定义存储器映射。存储器映射指明了 CCS 调试器能访问哪段存储器,不能访问哪段存储器。典型情况下,存储器映射与命令文件的存储器定义相一致

在 Option 菜单中,存储器映射(Memory Map)是一个重要的概念,其详细说明如下。

① 添加一个新的存储器映射范围

单击 Memory Map 命令,将弹出 Memory Map 对话框,在对话框中选中 Enable Memory Mapping 复选框,使能存储器映射。选择修改的页面(Program,Data 或 I/O),如果程序中只使用了一个存储器页面,则可以跳过这一步。

按照命令文件(＊.cmd)的存储器定义,在 Starting 域里面输入起始地址,在 Length 域里输入存储器长度,在 Attributes 域里选择存储器的读写属性,再单击 Add 按钮,就可以添加一个新的存储器映射范围。

② 删除一个存储器映射范围

将一个已经存在的存储器映射属性设置为 None_No Memory/Protected,可将此存储器映射范围删除。也可以在 Memory Map 列表框里面选中需要删除的存储器映射范围,单击 Delete 按钮将其删除。

③ 存取一个非法的存储器地址

当读取一个被存储器映射保护的存储空间时,调试器不是从 DSP 目标系统板读取数据,而是读取一个保护数据,通常是 0。因此,一个非法的存储地址通常显示为 0。可以在 Protected 域里输入一个值,如 0x1234。这样,当试图读取一个非法存储地址时将清楚地给予提示。

在判断一个存储地址是否合法时,CCS 调试器并不是根据硬件结构做出比较结果,因此,调试器不能防止程序存取一个不存在的存储地址。定义一个非法的存储器映射范围的最好办法是使用 GEL 嵌入函数,在运行 CCS 时能自动执行。

(8) GEL 菜单

CCS 软件 C5000 本身提供了 C54X 的 GEL 函数,它们在 C5000.gel 文件中定义。Gel 菜单包括 C54X_CPU_Reset 和 C54X_Init 命令,如表 5-8 所示。

表 5-8 GEL 菜单命令

菜单命令	功　能
C54X_CPU_Reset	复位目标 DSP 系统、复位存储器映射(处于禁止状态)以及初始化寄存器
C54X_Init	对目标 DSP 复位,与 C54X_CPU_Reset 不同的是,它能使存储器映射,同时复位外设和初始化寄存器

(9) Tools 菜单

Tools 菜单提供常用的工具集,如表 5-9 所示。

表 5-9 Tools 菜单命令

菜单命令	功　能
Data Converter Support	使开发者能快速配置与 DSP 芯片相连接的数据转换器
C54x McBSP	使开发者能观察和编辑 McBSP 的内容。C54x DSP 有多个高速、全双工的多信道缓冲器串行接口(McBSP),从而使该 DSP 芯片能直接与系统中其他器件相连。McBSP 是建立在标准串行接口之上的
C54x Emulator Analysis	使开发者能设置硬件中断点和监视事件的发生。C54x 芯片有一个片内分析模块,使用该模块,可以计算特定的硬件功能发生的次数或设置相应的硬件断点
C54x DMA	使开发者能观察和编辑 DMA 寄存器的内容
C54x Simulator Analysis	使开发者能设置和监视事件的发生。此工具为加载调试器使用的特定伪寄存器集提供了一个透明的手段。调试器使用这些伪寄存器存取片内分析模块
Command Window	在 CCS 调试器中输入所需的命令,输入的命令遵循 TI 调试器命令语法格式。由于许多命令都接受 C 表达式作为命令参数,因此使得指令集相对较小且功能较强。在命令窗口中输入 HELP 并回车可得到命令窗口支持的调试命令列表
Port Connect	将 PC 文件与存储器地址相连接,可从文件中读取数据,或将存储器数据写入文件中
Pin Connect	用于指定外部中断发生的间隔时间,从而使用 Simulator 来仿真和模拟外部中断信号。该命令设置的步骤为: (1)创建一个数据文件来制定中断间隔时间; (2)从 Tools 菜单下选择 Pin Connect 命令; (3)单击 Connect 按钮,选择创建好的数据文件,将其连接到所需的外部中断引脚; (4)加载并运行程序
Linker Configuration	使用 Visual Linker 链接程序

5.4 用 CCS 实现简单程序开发

本节将详细介绍 CCS 实现程序开发的方法及过程。CCS 是调试程序的辅助工具,实际上如果用户不是做一些特别大的工程,CCS 中有一些功能很少使用,我们只介绍 CCS 实现 DSP 程序开发中常用的一些菜单选项和设置,如果想详细了解其他菜单和工具栏的使用,请参考 CCS Help 菜单中的 Tutorial(CCS 入门指南)。

1. 创建新的工程文件

CCS 对一个实时 DSP 系统的管理是通过工程进行的,工程中包含着设计中所有的源代码文件、链接器命令文件、库函数、头文件等。因此,在设计某一 DSP 系统时,首先应建立新的工程文件。对每一个工程最好建立一个单独的子目录。

在启动的 CCS 窗口,选择 Project\New 菜单项,在弹出的 Save New Project As 窗口上,选择建立的目录,输入所建立的新工程名(以 example.mak 为例)并保存,这样一个新工程 example.mak 就创建了,下一次就可以直接打开此工程。现在这个工程没有包含任何文件,是一个空的工程。接下来必须在此工程下加入用户所需要的程序。

2. 将文件添加到工程中

(1) 建立新文件

选择 File\New\Source File 菜单项,在弹出的源文件编辑窗口中,编写 C 语言源程序(* .c)或汇编语言源程序(* .asm)以及链接命令文件(* .cmd),并保存到已建立的工程文件的目录中。假设建立了 example.asm 和 example.cmd 两个源文件。

(2) 添加文件到工程

选择 Project\Add Files to Project 菜单项,或用鼠标右击工作区窗口中工程 example.mak,选择弹出的快捷菜单中的 Add Files... 选项,如图 5-10 所示。

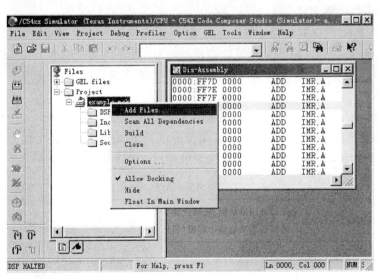

图 5-10 添加文件到工程

在弹出的窗口中选择添加 example.asm 和 example.cmd 两个文件。

(3) 查看工程结构

　　添加完毕后,在工程视图中单击 Project 左侧的十号,将工程所包含的工程文件(example.mak)、链接器命令文件(example.cmd)、汇编语言源程序(example.asm)以树的形式显示出来。

　　在工程视图中双击文件名,就可以看到源代码显示在右边的窗口中。可以使窗口变大以便看到更多的代码,或者选择 Option\Font... 菜单选项,给窗口选择一种更小的字体。一个简单而完整的工程创建完成。图 5-11 所示是完整的工程文件打开图。

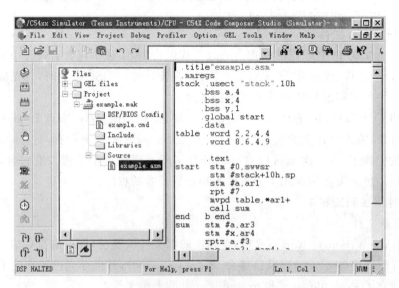

图 5-11　工程文件打开图

　　如果文件添加错误,要从工程文件中去掉,可以用鼠标右击该文件名,选择 Remove from project 即可。

3. 生成和运行工程文件

CCS 可以对已创建的工程进行生成并运行,具体步骤如下。

　　(1) 选择 Project\Rebuild All 菜单或圌图标,CCS 将对工程中的所有文件进行重新编译、汇编和链接,如果程序汇编和链接失败,返回工程中继续修改程序,如果程序汇编链接通过,则生成目标文件 *.out。

　　(2) 选择 File\Load Program 菜单,选择生成的目标文件 *.out,然后单击打开。正常时,程序就可以载入,然后打开一个显示程序汇编指令的反汇编窗口。单击任何一个汇编指令,或将鼠标放在一条指令上,按 F1 键,CCS 将搜索该指令的帮助,这是获取一条不熟悉指令帮助的好方法。

　　(3) 选择 Debug\Run 菜单或圌图标,运行该程序。

　　值得注意的是,在进行生成和运行程序前,若 CCS 显示出"不能初始化目标 DSP"错误信息,需要选择 Debug\Reset DSP 菜单或 GEL\C54x\C5402_Init(此处以 C5402 为例),将目标 DSP 进行初始化。如果问题仍存在,用户需要运行目标板提供的 Reset 应用程序。

　　当然,在 CCS 环境下,可以看到 Debug 菜单下有许多选项,可分别实现不同的调试功能,如 BreakPoint(断点)、StepInto(单步执行至函数体)、StepOver(单步执行跳过函数体)、StepOut(从函数体跳出)、Run To Cursor(运行至光标所在行)、Restart(将 PC 值恢复到程序的入口)、Go Main(在 C 程序的 main 符号处设置一个临时断点)等,菜单化的多种调试方式大大简化和方便了 DSP 软件的调试。

常用的执行按钮如下：

　　🔲　→　单步执行；

　　🔲　→　不进入子程序中；

　　🔲　→　从子程序中执行出；

　　🔲　→　执行到子程序开始处；

　　🔲　→　运行程序；

　　🔲　→　停止运行；

　　🔲　→　全速运行程序。

5.5　CCS 工程文件的调试

1. 断点调试

设置断点是调试程序的必要手段。断点的作用在于暂停程序的运行，以便观察、修改中间变量或寄存器的数值。将光标停留在程序代码段中的某一行单击工具栏断点开关按钮🔲，此行将被设置成断点，变成粉红色。图 5-12 中右边程序下方的一行即为断点位置，程序上方的一行(在 CCS 仿真界面中是黄色)表示程序 PC 指针当前所在位置。

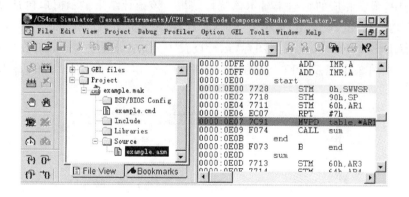

图 5-12　设置断点

删除断点时，可以将光标移到断点行，再单击按钮🔲，断点消失。若单击工具栏断点开关按钮🔲，将清除所有断点。

断点设置成功后，选择 Debug\Run 菜单，或者单击调试工具按钮 Run，程序就会运行到断点处，PC 指针指到该位置，同时该行出现两种颜色。此时可以单击菜单 View\CPU Registers\CPU Register，查看 CPU 寄存器的值；选择 View\Memory 菜单，查看内存单元数据。断点的设置对查找程序中的错误，了解程序的运行情况很有帮助。

2. 代码执行时间分析

CCS 所拥有的 Profile Points(分析点)调试功能，可以让用户在调试程序时，统计某条或某段指令的执行时间。

Profile Points 和 Profile Clock 作为统计代码执行的两种机制，常常一起配合使用。

(1) 选择 Profiler\Enable 使时钟使能。该时钟用以计算 Profile Points(分析点)之间的指令周期数,为此需要在程序中设定分析点。

(2) 单击 🕒 图标,将光标所在行设置为分析点,分析点设置成功后,当前位置会出现绿色线条。图 5-13 所示为在 0E06 处设置了分析点。

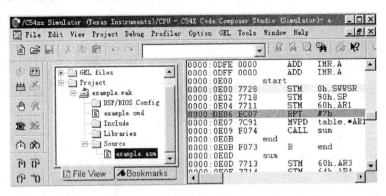

图 5-13 设置分析点

若要取消分析点,将光标停留在分析点位置,再次单击按钮 🕒,将取消该分析点,若单击 🕸 图标,将取消所有分析点。

(3) 选择 Profiler\View Statistics 来观察分析结果。统计的指令周期数目为从前一个分析点或从程序起始(仅设一个分析点时)处算起,到当前分析点之间所有语句所需的指令周期。在 CCS 系统中,弹出相应的窗口来显示该统计结果。该统计结果显示窗口包括分析点位置、运行次数、平均值、总值、最大值、最小值等项(注意:要保证分析点所在行的行号以升序排列)。

(4) 选择 Debug\Run 菜单或 🏃 图标,运行设置了分析点的程序,相应的在统计窗口内显示统计结果。如图 5-14 所示,0E06 处的指令被执行了一次,故平均值、总值、最大值、最小值完全相同。

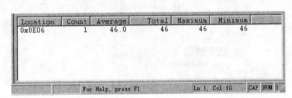

图 5-14 分析点统计结果

3. 查看调试中的信息

在程序调试过程中,需要 CCS 显示出程序运行的结果,以便和预期的结果进行比较,从而顺利地调试程序。

(1) 查看寄存器

查看寄存器是最常用的查看调试信息的方法,在 CCS 中选择 View 菜单中的 CPU Registers 选项下的 CPU Register 和 Peripheral Regs 命令就可以了。查看寄存器窗口如图 5-15 所示。

在图 5-15 中,右边的浮动窗口就是 CCS 所显示的寄存器的内容,基本上包括了所有常用的寄存器。窗口中寄存器的内容以黑色或红色表示,未更新的值为黑色,更新的值为红色。在窗口中用户可以直接修改寄存器的值,以方便调试程序。

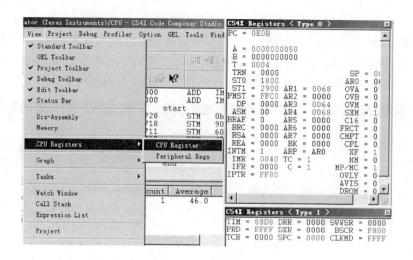

图 5-15　查看寄存器

（2）查看内存数据

查看数据也是程序调试中常用的手段之一。查看数据单元时，可选择 View 菜单中的 Memory，会弹出如图 5-16 所示的窗口。

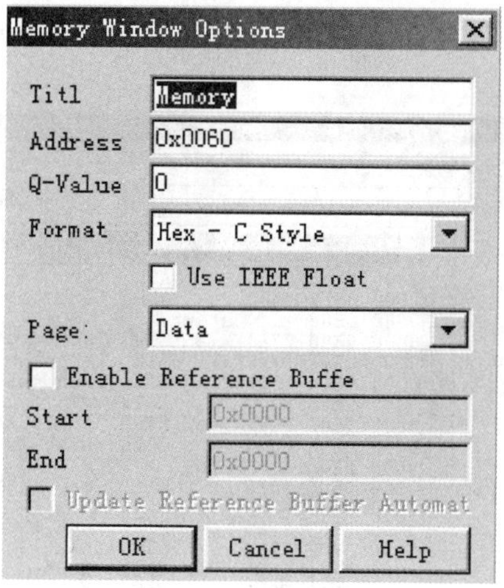

图 5-16　查看内存数据

在图 5-16 中，Address 表示所要查看数据的开始单元地址，注意必须以 0x 开头；Q-Value 表示所要查看数据的小数点位置，如果选择 0，数据将以整数方式显示其中的内容，如果选择 15，数据将以纯小数（Q15 格式）显示其中的内容；Format 表示所要查看数据的格式。

图 5-17 是 16 进制数格式的数据显示图，对于数据单元也可以直接修改其内容以方便调试程序。

（3）查看反汇编程序

CCS 载入程序时自动打开反汇编窗口，显示出反汇编程序，如图 5-18 所示。

反汇编的程序和工程中实际的程序相比有一些小的变化，例如，常数已经不再以符号显示而是以数据显示，注释已经不再显示。为了方便调试，一般情况下仍然需要打开源程序进行查看。在反汇编窗口中默认的开始地址从代码段起点显示，运行时更新内容。如果在当前窗口查看其他地址的内容,可以在反汇编窗口右击,弹出选择框,选择 Start Address 就可以显示选择的地址内容,同时 PC 指针不会改变。同时也可以查看程序中变量的当前值,在程序中用光标选中变量名,在鼠标右键菜单中选择 Add to Watch Window 命令就可以把该变量添加到 Watch 窗口。随着程序的运行,可以在 Watch 窗口看到该变量的值的变化。

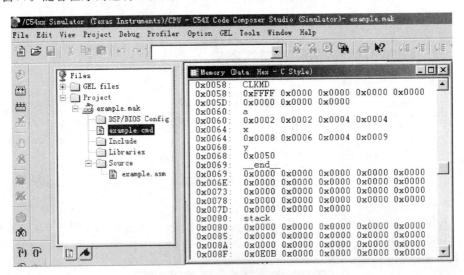

图 5-17　数据显示窗口

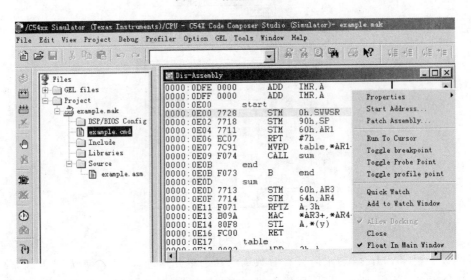

图 5-18　反汇编窗口

4. CCS 对数据的文件处理

(1) 直接复制一组数据到其他地址

选择 CCS Edit 菜单下 Memory 下的 Copy,将弹出如图 5-19 所示的对话框。按对话框说明输入相应的内容就完成数据块的复制。

(2) 直接修改一组数据内容

选择 CCS Edit 菜单下 Memory 下的 Fill,将弹出如图 5-20 所示的对话框。按对话框说明输入相应的内容就完成数据块的填充。

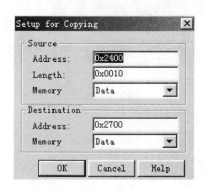

图 5-19　直接数据 Copy 设置图

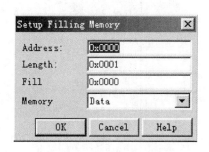

图 5-20　直接数据 Fill 设置图

（3）数据导出设置

选择 CCS File 菜单下 Data 下的 Lode 和 Save，并且输入相应的文件名，将弹出对话框。按对话框说明输入相应的内容，就完成数据块的导出处理。

5.6　CCS 的图形显示功能

CCS 提供了强大的图形显示功能，这一点在数字信号处理中很有用处，可以从总体上分析处理前和处理后的数据，以观察程序运行的效果。

在 CCS 的 View 菜单下选择 Graph，将弹出选择菜单。打开图形显示的方法，如图 5-21 所示。

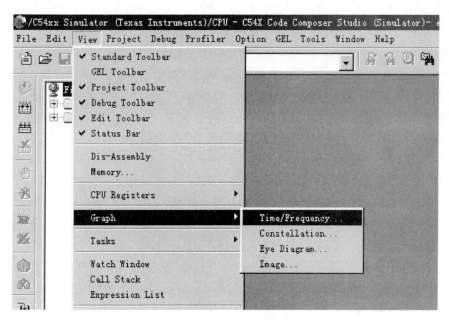

图 5-21　打开图形显示的方法

选择 4 个选项的任何一个都将弹出同样的设置，如图 5-22 所示。

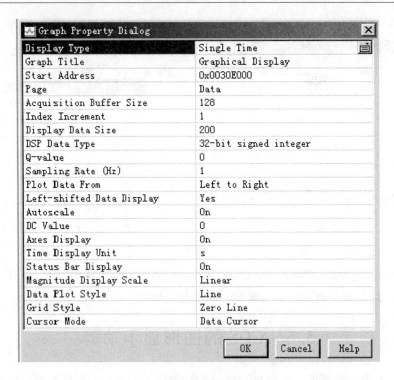

图 5-22　图形显示设置

在这些选项中有一些是图形的设置,如光标显示类型(Cursor Mode)、格点显示类型(Grid Style)、坐标显示选择(Axes Display)等,这些设置都可以采用默认值。影响数据显示的几个设置主要有:

- 起始地址(Start Address):输入显示数据的开始地址,由所需要查看的数据开始点决定;
- 数据增量(Index Increment):默认值为 1,即显示每一个点,如果选择 2,则隔点显示;
- 数据量 (Display Data Size):显示数据的总的点数,由所需要显示数据的范围决定;
- 数据类型 (DSP Data Type):可以选择多种类型,包括 16 位有符号数、16 位无符号数、32 位无符号数、32 位有符号数、32 位符点数、32 位 IEEE 符点数等,由程序中的设置数据的类型所决定;
- 小数点位置 (Q-value):选择小数点放置的位置,可以是 1～31 中的任何一个数,默认的小数点位置为 0,也就是整数,若小数点位置是 15,就是纯小数(绝对值小于 1)。

图 5-22 图形显示设置中的 Display Type 栏右边的选项是图形显示类型选项,常用的有以下几种。

(1) Single Time

Single Time 显示一组数据的时域图。这是数据整体情况最基本的显示,图 5-23 显示的是输入信号频率为 1 000 Hz、2 500 Hz 正弦合成信号的时域图。

(2) Dual Time

Dual Time 显示两组数据的时域图。此时设置选项中多了一个第二组的起始地址。第一组数据是输入信号频率为 1 000 Hz、2 500 Hz 的合成信号,第二组数据是通过截止频率为 1 500 Hz 的低通滤波器,留下的频率为 1 000 Hz 的信号。显示效果如图 5-24 所示。

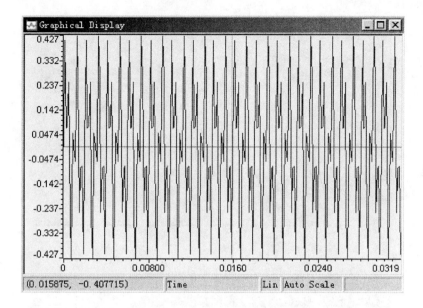

图 5-23　Single Time 图

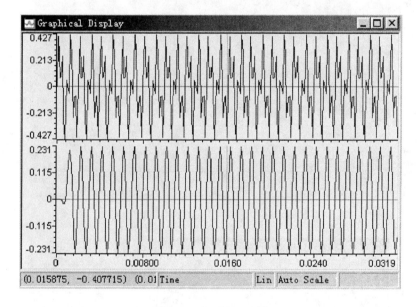

图 5-24　Dual Time 图

（3）FFT Magnitude

图 5-25 画出了数据的 FFT 频谱图，显示的是输入信号频率为 1 000 Hz、2 500 Hz 的合成信号的频谱。

（4）Complex FFT

Complex FFT 为以复数输入显示 FFT 频谱，此时输入数据必须是 32 位格式，前 16 位为实部，后 16 位为虚部。显示效果如图 5-26 所示。

（5）FFT Magnitude and Phase

FFT Magnitude and Phase 为在 FFT Magnitude 基础上加相位图。图 5-27 显示的是输入信号频率为 100 Hz、250 Hz、270 Hz 的合成信号的频谱和相位。

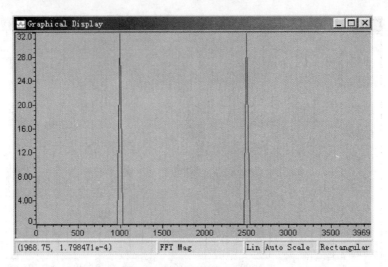

图 5-25　FFT Magnitude 图

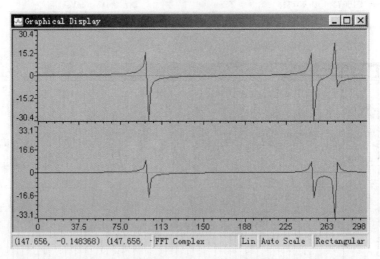

图 5-26　Complex FFT 图

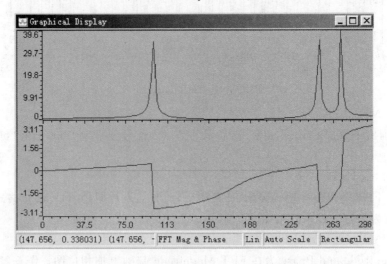

图 5-27　FFT Magnitude and Phase 图

其他的显示类型还包括 FFT Waterfall(按时间序列计算出的 FFT 幅频图)、Constellation(坐标图)、Eye Diagram(眼图)等。

5.7　CCS 中的其他问题

实际上,如果用户不是做一些特别大的工程,CCS 中有一些功能很少使用。CCS 是调试程序的辅助工具,在 CCS 的调试过程中会有许多问题产生。这里介绍可能会遇到的具体问题及可能的解决方法。

(1) CCS 不论对 TI 公司的 C24x 系列,还是 C54x、C6x 系列,其软件都是一样的,不同之处在于不同的系列需要不同的驱动程序,如 CCS2000、CCS5000、CCS6000 的软件操作平台基本上是一样的,真正的区别只是驱动程序。

(2) CCS 的驱动程序可能和很多的常用软件的驱动程序有冲突(尤其和一些杀毒软件),如出现同样的 CCS 光盘在这一台计算机上正常安装并运行,在另外一台则不能运行。这时,建议改变计算机的软件配置。

(3) CCS 可以创建一个新工程,但无法进行编译和链接,提示找不到 asm. exe 或 DSPA. exe 文件。此时是路径设置错误,CCS 编译时必须要能够找到 asm. exe 或 DSPA. exe 这个可执行文件,应设置正确的路径,也可以将 asm. exe 或 DSPA. exe 文件直接拷贝到用户程序所在的文件夹中。

(4) Load 载入程序出现 CCS 报告无法写入存储空间的情况。此时应在安装 CCS 时设置正确的 DSP 型号,在载入程序前将 DSP 复位一次,选择 GEL 菜单下 C5400 下的 RESET 就可以了。

(5) 编译时每个程序都出现下面错误:

$\gg$ warning : entry point symbol_c_int00 undefined

　　Build Complete,

　　0 Errors,1 Warnings.

这是 CCS 寻找 C 语言的入口,对于全汇编程序不会有这种入口。解决方法是在 Project 菜单下 Build Options 下的 Linker 选项设置中去除－C 选项,如图 5-28 所示。

(6) 程序载入后出现载入错误,但 CCS 没有报告错误。这种问题出现的可能性很大,CCS 尤其在多次复位后将不断出现这种错误,解决的方法只有将系统断电再上电一次。产生这种问题的原因可能是驱动程序的问题。

本 章 小 结

Code Composer Studio(简称 CCS)是 TI 公司为 TMS320 系列 DSP 软件开发推出的集成开发环境。CCS 是一个开放的和具有强大集成能力的开发环境,该套开发环境集代码生成工具和代码调试工具为一体,能完成 DSP 系统开发过程的各个环节。CCS 主要功能有源代码编辑功能、生成(Build)功能、调试功能。本章详细介绍了 CCS 的安装设置、菜单以及使用。

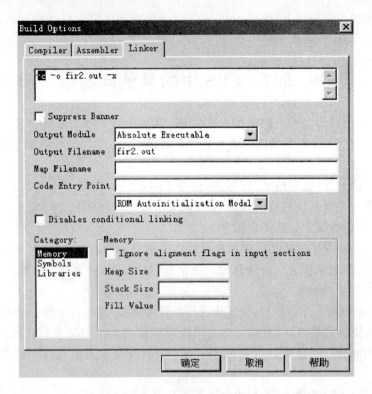

图 5-28　编译链接设置图

思　考　题

1. 简述 CCS 集成开发软件实现程序开发的主要过程？
2. CCS 的 Simulator 和 Emulator 有何区别？
3. 简述 CCS 软件的程序调试方法。
4. CCS 有哪些图形显示功能？
5. 用 CCS 下的一个例子,练习 DSP 的编程和代码调试过程。

第 6 章　FIR 滤波器的 C54x 实现与仿真

DSP 芯片是一种专门为进行数字信号处理而设计的微处理器,实现数字滤波是其最重要的应用之一。TMS32C54x 提供了功能强大的处理数字滤波的指令及相关寄存器,这使得用户可以很方便地编写高效率的数字滤波程序。有限长单位冲激响应(FIR,Finite Impulse Response)滤波器具有无条件稳定的特点,在满足一定的对称条件下还可以实现线性相位,这些特点使得 FIR 滤波器在工程上有着广泛的应用。通常 FIR 滤波器需要处理大量的数据,在 CCS 环境中导入数据是进行滤波器仿真的关键。本章介绍 FIR 滤波器的 C54x 编程实现及其 CCS 仿真方法。

6.1　FIR 滤波器结构

FIR 滤波器的差分方程表达式为

$$y(n) = \sum_{m=0}^{N-1} h(m)x(n-m) \tag{6-1}$$

其中:$h(n)$ 为 FIR 滤波器的单位冲激响应序列,也称为滤波器系数,长度为 N;$x(n)$ 为输入数据;$y(n)$ 为滤波后的输出数据。由式(6-1)可得到 FIR 滤波器的横截型结构,如图 6-1 所示。

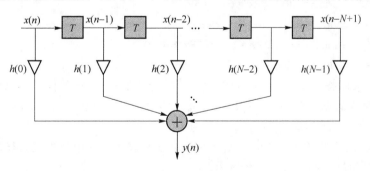

图 6-1　FIR 滤波器的横截型结构

图 6-1 中的 T 表示延时 1 个采样周期时间,三角符号表示乘法器,带加号的圆圈表示加法器。FIR 滤波就是将滤波器系数 $h(n)$ 分别与 $x(n)$ 及其延时值相乘后累加,得到 $y(n)$,随着 $x(n)$ 的输入,不断输出滤波结果。相乘后累加可用乘加指令实现:

```
MAC  Xmen, Ymen, src[,dst]      ;dst = src + Xmem * Ymem
```
该条指令只需要 1 个字和 1 个机器周期,因此,C54x 实现 FIR 滤波器的效率是很高的。实际应用中,$x(n)$ 是实时从片外读入的,滤波后将 $y(n)$ 实时输出片外。C54x 可以寻址片外 64KB I/O 空间,并且提供以下 2 条指令实现数据的输入和输出:

```
PORTR    PA，Smem      ;Smem = PA，从 PA 口读入数据
PORTW    Smem，PA      ;PA = Smem，向 PA 口输出数据
```

这 2 条指令至少需要 2 个字和 2 个机器周期,其实际消耗时间与 I/O 接口设备的速率有关。由图 6-1 可见,要进行 FIR 滤波就必须实现延时,即新的数据读进来后,原来的数据都需要延时一个采样周期时间。在 DSP 芯片中可以开辟一段缓冲区,将时间上的延迟转化为数据在存储单元中的移动或地址指针的变化。常用的方法有两种:一种是线性缓冲区法,另一种是循环缓冲区法。前者编程简单,但是每输入一个数据就要将缓冲区中所有数据移位 1 个单元,程序执行效率低下,此外,线性缓冲区还必须定位在 DARAM 中;后者编程较复杂,但是不需要移动数据,程序执行效率很高,而且可以将循环缓冲区定位在数据存储器的任何位置。因此,采用循环缓冲区来实现延时是最为有效的方法。

6.2　用循环缓冲区法实现延时

循环缓冲区就是在数据存储区中开辟一段区间,用循环寻址的方法访问其中的数据,这样就可不移动数据而实现延时。本书第 3 章详细介绍了循环寻址,这里不再赘述,本章主要介绍循环寻址在 FIR 滤波器中的应用。FIR 滤波器中的循环缓冲区的开辟和访问步骤如下。

(1) 假设 FIR 滤波器的长度为 N,则在数据存储区中应开辟一段 N 个单元的缓冲区,该缓冲区用来存放最近输入的 N 个样本。为实现以 N 为模的循环寻址,必须将 N 加载至 BK 寄存器,采用循环寻址的缓冲区也称为滑窗。用间接寻址的辅助寄存器 ARx 指向滑窗底部或顶部。

(2) 利用循环寻址访问滑窗中的数据,根据式(6-1)计算 $y(n)$,输出滤波结果,输入新的样本,以新样本改写滑窗中最老的数据,其他数据不变也不移动。

(3) 重复步骤 2。

由于采用了循环寻址,每次计算完 $y(n)$,ARx 总是自动指向最老的数据所在的单元,因此用新样本改写滑窗中最老的数据是很容易实现的。可用的循环寻址的指令有:

```
＊ARx + %     ; addr = ARx，ARx = circ(ARx + 1)
＊ARx - %     ;addr = ARx，ARx = circ(ARx - 1)
＊ARx + 0 %   ;addr = ARx，ARx = circ(ARx + AR0)
＊ARx - 0 %   ;addr = ARx，ARx = circ(ARx - AR0)
```

其中 circ()表示按 BK 寄存器中的值对括号中的数值取模,这就保证了 ARx 在整个滤波运算过程中一直指向循环缓冲区。FIR 滤波器中需要对 $h(m)$ 和 $x(n-m)$ 逐对作乘加运算,因此其寻址的步长总是 1,即应将 AR0 设置为 1(或 -1)。

假设 FIR 滤波器的循环缓冲区长度 $N=5$,下面来说明对其中数据进行循环寻址的过程。长度为 5 的循环缓冲区结构如图 6-2 所示。

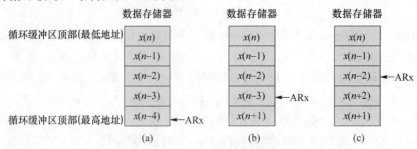

图 6-2　长度为 5 的循环缓冲区结构

如图 6-2(a)所示,初始化后 ARx 指向 $x(n-4)$,用 $*ARx-\%$ 间接寻址访问循环缓冲区,第一次执行完 $y(n)=\sum\limits_{m=0}^{4}h(m)x(n-m)$ 后,ARx 指向 $x(n-4)$,这是滑窗中最老的数据。输入新的样本 $x(n+1)$,仍然用 $*ARx-\%$ 间接寻址将原来存放 $x(n-4)$ 的存储单元改写为 $x(n+1)$,现在 ARx 指向 $x(n-3)$,如图 6-2(b)所示。

然后作第 2 次相乘累加运算 $y(n+1)=\sum\limits_{m=0}^{4}h(m)x(n+1-m)$,运算结束后 ARx 指向 $x(n-3)$,输入新的样本 $x(n+2)$,同样用 $*ARx-\%$ 间接寻址将原来存放 $x(n-3)$ 的存储单元改写为 $x(n+2)$,改写后 ARx 指向 $x(n-2)$,如图 6-2(c)所示。

如此循环往复,新的数据不断输入,滤波结果不断产生。

由上述滤波过程,不难发现一个规律,每次作相乘累加运算之前,ARx 总是指向滑窗中最老的数据,由于采用了循环寻址,相乘累加运算之后 ARx 又重新指向滑窗中最老的数据(从起点回到起点),新的样本正好可以改写该数据。

6.3　FIR 滤波器的 C54x 实现方法

本节通过一个实例来说明 FIR 滤波器的程序设计方法。已知 FIR 滤波器长度 $N=5$,滤波器系数 $h(n)=\{0.1,0.2,0.3,0.4,0.5\}$,编程实现

$$y(n)=\sum_{m=0}^{4}h(m)x(n-m)$$

分析:输入数据和滤波器系数都必须存放在长度为 5 的循环缓冲区中,如图 6-3 所示。由于 $h(n)$ 的值是固定的,可在程序中设置成一张数据表格,在程序运行中搬移到循环缓冲区中,输入数据从 I/O 读入后直接存到循环缓冲区。由于每次计算得到 $y(n)$ 都向 I/O 口输出,因此只需一个存储单元来暂存 $y(n)$。实际应用中,$x(n)$ 和 $h(n)$ 均为小数,程序中需要运用小数乘法,即应当设置 FRCT 位。

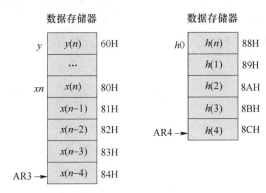

图 6-3　循环缓冲区在数据存储器中的地址

根据上述分析,编写 FIR 滤波器的源程序如下。

```
.title  "fir.asm"
.mmregs
.def    start
.bss    y,1
```

```
xn        .usect    "xn", 5                    ;自定义数据空间
h0        .usect    "h0", 5                    ;自定义数据空间
PA0       .set      0                          ;端口 0 地址
PA1       .set      1                          ;端口 1 地址
          .data
table:    .word     1 * 32768/10               ;h(0) = 0.1 = 0x0CCC
          .word     2 * 32768/10               ;h(1) = 0.2 = 0x1999
          .word     3 * 32768/10               ;h(2) = 0.3 = 0x2666
          .word     4 * 32768/10               ;h(3) = 0.4 = 0x3333
          .word     5 * 32768/10               ;h(4) = 0.5 = 0x4000
          .text
start:    SSBX      FRCT                       ;小数乘法
          STM       #h0,AR1                    ;AR1 指向 h0
          RPT       #4
          MVPD      table, * AR1 +             ;初始化滤波器系数空间
          STM       #xn + 4, AR3               ;AR3 指向 x(n - 4)
          STM       #h0 + 4, AR4               ;AR4 指向 h(4)
          STM       #5, BK                     ;循环缓冲区长度 BK = 5
          STM       # - 1, AR0                 ;AR0 = - 1,循环寻址步长为 - 1
          LD        #xn, DP
          PORTR     PA1, @xn                   ;输入 x(n)
LOOP:     RPTZ      A, #4                       ;累加器 A 清 0,作 5 次乘加运算
          MAC       * AR3 + 0 % , * AR4 + 0 % , A   ;双操作数乘法累加
          STH       A, @y                      ;暂存 y(n)
          PORTW     @y, PA0                    ;将 y(n)输出到端口 0
          BD        LOOP                       ;循环
          PORTR     PA1, * AR3 + 0 %           ;输入新数据
          .END
```

相应的链接器命令文件为:

```
vectors.obj
fir.obj
- o FIR.out
- m FIR.map
- e start
MEMORY
{
    PAGE 0:
            EPROM:  org = 0E000H, len = 1000H
            VECS:   org = 0FF80H, len = 0080H
    PAGE 1:
```

```
         SPRAM： org = 0060H，  len = 0020H
         DARAM： org = 0080H，  len = 2000H
}
SECTIONS
{
   .text ：> EPROM   PAGE  0
   .data ：> EPROM   PAGE  0
   .bss  ：> SPRAM   PAGE  1
   xn   ：>DARAM align(8)  PAGE  1
   h0   ：>DARAM align(8)  PAGE  1
   .vectors ：>VECS   PAGE  0
}
```

复位向量文件为：

```
.title ˝vectors.asm˝
      .ref      start
      .sect    ˝.vectors˝
      B        start
      .end
```

vectors. asm 文件中引用了 fir. asm 中的标号"start"，C54x 复位后首先进入到 0FF80H，然后从 0FF80H 复位向量处跳转到主程序的"start"处。

假设从端口 1 依次读入 5 个数据，上述程序中的 LOOP 循环一共执行 5 次，每次执行 LOOP 循环前 AR3 和 AR4 指向的单元如图 6-4 所示，图中将对应相乘的单元用直线连接。这里只画出了读入数据 $x(n)$ 和 $x(n+1)$ 时输入数据和滤波器系数的对应相乘关系，其余读者可自行画出。

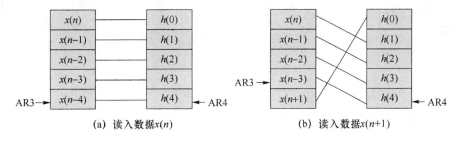

(a) 读入数据x(n)　　　　　　　(b) 读入数据x(n+1)

图 6-4　循环缓冲区中输入数据和滤波器系数的对应相乘关系

假设读入的数据为

$x(0)=04CCC, x(1)=0x5999, x(2)=0x6666, x(3)=0x7333, x(4)=0xF334$，对应的十进制数为 $x(0)=0.6, x(1)=0.7, x(2)=0.8, x(3)=0.9, x(4)=-0.1$，则滤波器输出为 $y(0)=0x07AD$，$y(1)=0x1850$，$y(2)=0x3331$，$y(3)=0x5997$，$y(4)=0x7EB6$，对应的十进制数为 $y(0)=0.06, y(1)=0.19, y(2)=0.4, y(3)=0.7, y(4)=0.99$。

6.4 FIR 滤波器的 CCS 仿真

上一节给出的 FIR 滤波器程序中输入/输出数据是从 I/O 口读入或写出的,这符合 DSP 芯片实际工作的情况。但是在没有目标板的情况下,上述程序无法在 CCS 仿真环境中运行。对于少量的输入/输出数据,可开辟一段内存空间来模拟 I/O 口的读写,但数据量较大就不方便了。如果能像高级语言那样从计算机硬盘上打开文件实现数据的读写,在 CCS 环境中运行的 FIR 滤波器就可以处理大量的数据,这对于滤波器程序调试是非常重要的。C54x 的汇编语言不能访问计算机硬盘,但 CCS 提供了文件输入/输出工具,探针就是其中最为常用的一种。

6.4.1 CCS 中的探针

探针(Probe)是 CCS 提供的文件输入/输出工具,可以将主机硬盘上的数据文件导入到 DSP 内存中(当然该 DSP 是由 CCS 模拟的),也可以将 DSP 处理过的数据输出到主机硬盘。探针作为一种调试工具,对输入/输出文件格式有特定的要求,其中常用的一种格式为 CCS 数据文件(Code Composer Studio Data File),属文本文件,包含一行文件头信息,每个数据占一行。其数据类型可以是 Hexadecimal,Integer,Long,Float 型,在 C54x 系列 DSP 中,只能用 Hexadecimal 或 Integer 型。文件头格式如下

MagicNumber Format StartingAddress PageNum Length

其中 MagicNumber 固定为 1 651,Format 为 1~4 的整数,分别表示以上 4 种数据类型,后面 3 个量分别表示保存数据的起始地址、页号和数据长度。将 DSP 程序中某行代码设为探针点(Probe Point)后,从 CCS 的 File 菜单中选择 File I/O,File I/O 对话框将会弹出,允许用户选择输入/输出文件以及接收或输出数据的 DSP 内存的起始地址、数据长度。因此 StartingAddress、PageNum、Length 这 3 个数据实际上不需要从文件头获取,可以把它们设为 0。以下是一个 CCS 数据文件的例子

```
1651 1 800 1 10
0x0000
0x0000
0xFFF0
...
```

6.4.2 数据类型的转换

滤波器系数通常用 MATLAB 设计,并且以浮点数的形式给出,由于 C54x DSP 属定点 DSP,采用二进制补码来表示小数,数值范围为 -1~$+1$,故在设计滤波器系数时应确保其数值绝对值小于 1,还要将小数转换成二进制补码表示。在 CCS 中使用探针导入数据时,可以是十六进制也可以是十进制。以下是一个转换的实例。

滤波器系数以浮点数形式存放在文件 D:\dsp_test\filter.dat 中,将其转化成二进制补码表示并存放在文件 D:\dsp_test\hn.dat 中。在 MATLAB 命令行窗口中输入以下指令:
```
fid1 = fopen('D:\dsp_test\filter.dat', 'r');
hf = fscanf(fid1, '%f');
fid2 = fopen('D:\dsp_test\hn.dat', 'w');
```

```
fprintf(fid2,´% d\n´, round(hf * 32768));
fclose(fid1);
fclose(fid2);
```

然后将 hn. dat 加上 CCS 数据文件头 1651 2 0 0 0,即可作为导入文件。输入信号若是浮点数,可以用同样的方法进行转换。滤波后的输出文件也是二进制补码表示的小数,为了用 MAT-LAB 分析滤波的效果,需要将其转换成浮点数。假设输出文件位于 D:\dsp_test\yn. dat,将其转换成浮点数存放在文件 D:\dsp_test\yf. dat 中,在 MATLAB 命令行窗口中输入以下指令即可:

```
fid1 = fopen(´D:\dsp_test\yn.dat´,´r´);
yn = fscanf(fid1,´% x´);
L = length(yn);
for n = 6:L
        if yn(n)> = 32768
                yn(n) = yn(n) − 65536;
        end
end
fid2 = fopen(´D:\dsp_test\yf.dat´,´w´);
fprintf(fid2,´% f　´,yn(6:L)/32768);
fclose(fid1);
fclose(fid2);
```

输出文件的前 5 个数是 CCS 数据文件头信息,转换成浮点数时必须将其丢弃。

6.4.3　在 FIR 滤波器程序中利用探针读写数据

仍然采用上节的方法来编写 FIR 滤波器程序,设滤波器系数长度为 255,输入数据长度为 220 520 点。滤波器系数和输入/输出数据均利用探针从主机硬盘读写。$x(n)$ 和 $h(n)$ 都存放在长度为 255 的循环缓冲区中,除起始地址不同外,数据放置顺序与图 6-3 相同。由于 $h(n)$ 在程序运行中不变化,可利用探针一次性将其导入到循环缓冲区,而 $x(n)$ 的数据量很大,可利用探针每次导入一个数据来更新循环缓冲区中最老的数据。源程序如下:

```
            .title   ˝fir2.asm˝
            .global  _c_int00
            .mmregs
            .c_mode
            .sect    ˝.cinit˝
xn          .usect   ˝xn˝, 255       ;自定义数据空间
h0          .usect   ˝h0˝, 255       ;自定义数据空间
            .bss     y,1             ;暂存输出数据单元
            .bss     x,1             ;暂存输入数据单元
            .sect ˝.vectors˝
reset:      B   _c_int00
            .text
```

```
_c_int00:  SSBX    FRCT              ;小数乘法
           STM     ♯x, AR5           ;AR5 指向 x,此处设置 Probe Point,输入一个
                                        数据到 x
           NOP                       ;此处设置 Probe Point,输入滤波器系数到 h0
           STM     ♯xn + 254, AR3    ;AR3 指向 x(n − 254)
           STM     ♯h0 + 254, AR4    ;AR4 指向 h(254)
           STM     ♯255, BK          ;循环缓冲区长度 BK = 255
           STM     ♯ − 1, AR0        ;AR0 = − 1,循环寻址步长为 − 1
           LD      ♯xn, DP
           LD      ∗AR5, A           ;将 x 装入累加器 A
           STL     A, @xn            ;将累加器 A 中的数据存入 x(n)
           STM     ♯y, AR1           ;AR1 指向 y
LOOP:      RPTZ    A, ♯254           ;累加器 A 清 0,作 255 次乘加运算
           MAC     ∗AR3 + 0%, ∗AR4 + 0%, A   ;双操作数乘法累加
           STH     A, ∗AR1           ;将乘法累加结果暂存到 y
           NOP                       ;此处设置 Probe Point,输出 y 到硬盘文件
           NOP                       ;此处设置 Probe Point,输入新的数据到 x
           NOP
           LD      ∗AR5, A           ;将 x 装入累加器 A
           STL     A, ∗AR3 + 0%      ;将累加器 A 中的数据存入 xn 的循环缓
                                        冲区
           B       LOOP              ;循环
           .END
```

相应的链接器命令文件为：

```
fir2.obj
− o FIR2.out
− m FIR2.map
MEMORY
{
  PAGE 0:
        EPROM:  org = 0E000H, len = 1000H
        VECS:   org = 0FF80H, len = 0080H
  PAGE 1:
        SPRAM:  org = 0060H,  len = 0020H
        DARAM:  org = 0080H,  len = 2000H
}
SECTIONS
{
  .cinit:> EPROM   PAGE   0
  .text :> EPROM   PAGE   0
```

```
.data :> EPROM  PAGE  0
.bss  :> DARAM  PAGE  1
xn    :>DARAM align(256)  PAGE  1
h0    :>DARAM align(256)  PAGE  1
.vectors :>VECS  PAGE  0
}
```

在源程序"fir2. asm"中有 4 条指令设置了 Probe Point,下面通过一个实例来说明设置 Probe Point 的步骤。

(1) 按照第 5 章介绍的方法创建工程文件,并将上述.asm 和.cmd 文件添加到工程,编译链接后生成 fir2. out,将其载入到 CCS 环境。将光标移到需要设置 Probe Point 的指令处,单击工具栏中的(Toggle Probe Point)图标,则在该指令左边出现蓝色菱形图标,表明 Probe Point 已设置。如图 6-5 所示,指令 STM ♯x, AR5 处设置了 Probe Point。

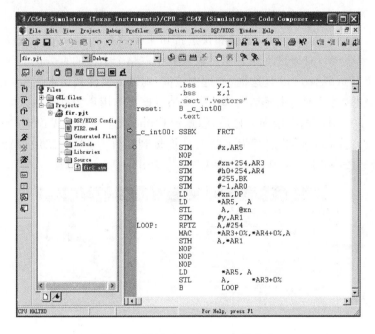

图 6-5 设置了 Probe Point 的指令

(2) 选择 File/File I/O 菜单,出现 File I/O 对话框,如图 6-6 所示。可以选择 File Input 或 File Output,步骤 1 设置的探针点是为了输入数据,因此选择 File Input。

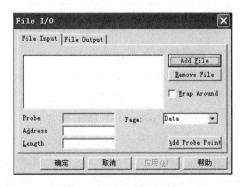

图 6-6 File I/O 对话框

（3）单击 Add File,浏览文件夹,选中需要的文件 xn. dat,该文件是符合 CCS 数据文件格式的待滤波的输入数据。单击打开,所选文件的完整路径就出现在 File I/O 对话框中,同时弹出 xn. dat 文件的控制窗,如图 6-7 和图 6-8 所示。

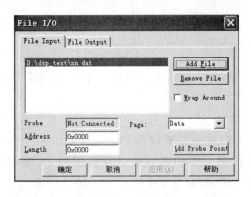

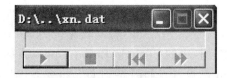

图 6-7　添加了一个文件的 File I/O 对话框　　　　图 6-8　File I/O 控制窗

文件控制窗提供了启动、停止、复位和快进按钮来控制数据输入/输出的进度。控制窗还提供了进度条,程序运行时该进度条表明已输入数据占整个文件的百分比。注意到 File Input 选项卡中有一个 Warp Around 复选框,如选中该框,则输入文件到达末尾后,又将从头开始读数据。如不选该框,文件到达末尾后会弹出一个消息框提示用户数据已输入完毕,程序暂停。

（4）在 File I/O 对话框中添加文件后,注意到 Probe 状态显示为无连接（Not Connected）,表明该文件还没有连接到探针点。为了将文件连接到探针点,单击添加探针点（Add Probe Point)按钮,出现 Break/Probe Points 对话框,单击 Probe Points 选项卡,如图 6-9 所示。

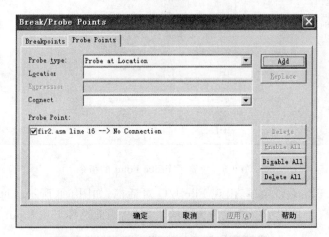

图 6-9　Break/Probe Points 对话框

在 Probe Point 列表框中出现了探针点所在的行号,状态为无连接。在 Probe Point 列表框中选定需要连接的探针点（行号即表示探针点）,然后从 Connect 下拉列表中选择需要连接的文件,单击 Replace 按钮。由图 6-10 可以看到探针点已连接到刚才选择的文件,单击确定。

（5）回到 File I/O 对话框,注意到 Probe 状态显示为连接（Connected）,这表明探针点已与文件连接成功。选定文件,在地址（Address)和长度（Length）域中填入适当的值。这里的 Address 指的是 DSP 存储器的地址,对于文件输入,该地址接收输入数据,而对于文件输出,从该地址输出数据。地址域中可填入数字或变量名。Length 指的是程序运行时每次碰到探针点输入/输出数据的个数。本例中每次从 xn.dat 输入 1 个数据到 x,地址域和长度域的设置如图 6-11 所示。单击确定,一个探针点就设置完毕,其余探针点可按照上述步骤逐个设置。

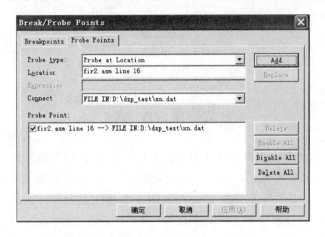

图 6-10　将探针点连接到文件

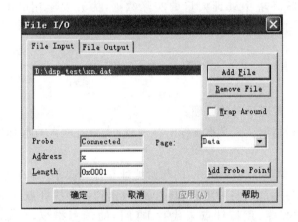

图 6-11　设置地址和数据长度

设置好探针点后运行程序,运行中的文件控制窗如图 6-12 所示。

图 6-12　程序运行中的文件控制窗

在程序"fir2.asm"中有两处设置的探针点连接到 xn.dat,第一个探针点就是刚才介绍的实例,第二个探针点在 LOOP 循环中,图 6-12 中的 xn.dat 文件控制窗显示该探针点正在输入数据。由于第一个探针点已输入 xn.dat 的第一个数据到 x,为避免重复读取数据,在程序运行到 LOOP 循环之前,应该按一下第二个探针点的 xn.dat 的文件控制窗的┃▶▶ 按钮,这样就可以跳过 xn.dat 中的第一个数据。

文件 hn.dat 较短且是一次性导入到内存中的,因此其进度条显示为百分之百。文件 yn.dat 接收输出数据,其文件控制窗显示的数字表示已写入到文件中的数据个数。当读文件 xn.dat 到达末尾,CCS 弹出消息窗提示用户数据输入完毕,如图 6-13 所示。

图 6-13　到达文件末尾消息窗

本 章 小 结

　　本章介绍了 FIR 滤波器的程序设计和仿真方法。介绍了 FIR 滤波器的结构,详细说明了用循环缓冲区实现延时的方法,通过一个实例说明了 FIR 滤波器的编程方法和程序运行结果。CCS 和 MATLAB 是数字信号处理仿真的两个重要工具,MATLAB 通常作为理论分析的工具,而 CCS 则是 DSP 程序开发工具。探针是 CCS 提供的文件输入/输出工具,本章说明了探针要求的文件格式及数据类型的转换方法,通过实例介绍了探针点的设置方法。掌握了探针的应用就可在 CCS 环境中处理大量的实际数据,为开发实用的 DSP 程序打下坚实的基础。

思 考 题

　　1. 简述循环缓冲区实现延时的原理。

　　2. 参考图 6-4,分别画出读入数据 $x(n+2)\sim x(n+4)$ 时输入数据和滤波器系数的对应相乘关系。

　　3. 程序"fir2. asm"中,对于 xn 和 h0 的起始地址有什么要求? 如何实现?

　　4. 程序"fir2. asm"中,能否将输出 y 和输入新数据到 x 的探针点顺序对调?

　　5. 改写"fir. asm"程序,用探针点来代替 I/O 口的读写指令,在 CCS 中调试和运行该程序。

第7章 TMS320C54x 片内外设

7.1 TMS320C54x 中断系统

1. 中断概述

中断是由外部设备向 CPU 传送数据,或者由外部设备向 CPU 提取数据产生的,可以用于发送信号,表明一个特别事件(如定时器完成计数)的开始或结束。由硬件或软件驱动的中断信号可使 CPU 中断当前程序,并且执行另一个子程序(中断服务程序)。中断系统是计算机系统中提供实时操作及多任务多进程操作的关键部分。TMS320C54x 的中断系统根据芯片型号的不同,共有 24~27 个软件及硬件中断源,分为 11~14 个中断优先级,可以实现多层任务嵌套。对于可屏蔽中断,用户可以通过软件实现中断的关断或开启。下面以 TMS320C5402 为例来阐述 TMS320C54x 的中断系统工作过程及其编程方法。C5402 中断源的中断向量及硬件中断优先权如表 7-1 所示,其中 1 具有最高优先权。

表 7-1 C5402 中断源的中断向量及硬件中断优先权

中断号(K)	优先级	名 称	向量位置	功 能
0	1	$\overline{RS}$/SINTR	0	复位(硬件和软件复位)
1	2	$\overline{NMI}$/SINT16	4	非屏蔽中断
2	—	SINT17	8	软件中断 17
3	—	SINT18	C	软件中断 18
4	—	SINT19	10	软件中断 19
5	—	SINT20	14	软件中断 20
6	—	SINT21	18	软件中断 21
7	—	SINT22	1C	软件中断 22
8	—	SINT23	20	软件中断 23
9	—	SINT24	24	软件中断 24
10	—	SINT25	28	软件中断 25
11	—	SINT26	2C	软件中断 26
12	—	SINT27	30	软件中断 27
13	—	SINT28	34	软件中断 28
14	—	SINT29	38	软件中断 29
15	—	SINT30	3C	软件中断 30
16	3	$\overline{INT0}$/SINT0	40	外部中断 0/软件中断 0

中断号(K)	优先级	名 称	向量位置	功 能
17	4	$\overline{\text{INT1}}$/SINT1	44	外部中断 1/软件中断 1
18	5	$\overline{\text{INT2}}$/SINT2	48	外部中断 2/软件中断 2
19	6	TINT0/SINT3	4C	定时器 0 中断/软件中断 3
20	7	BRINT0/SINT4	50	串行接口 0 接收中断/软件中断 4
21	8	BXINT0/SINT5	54	串行接口 0 发送中断/软件中断 5
22	9	DMAC0/SINT6	58	DMA 通道 0 中断/软件中断 6
23	10	TINT1/DMAC1/SINT7	5C	定时器 1/DMA 通道 1 中断/软件中断 3
24	11	$\overline{\text{INT3}}$/SINT8	60	外部中断 3/软件中断 8
25	12	HPINT/SINT9	64	主机接口/软件中断 9
26	13	BXINT1/DMAC2/SINT10	68	McBSP#1 接收中断/DMA 通道 2 中断
27	14	BXINT1/DMAC3/SINT11	6C	McBSP#1 发送中断/DMA 通道 3 中断
28	15	DMAC4/SINT12	70	DMA 通道 4 中断
29	16	DMAC5/SINT13	74	DMA 通道 5 中断
—		保留	78H~7FH	保留

C54x 的中断可以分为以下两大类。

（1）非屏蔽中断

这种中断不能被屏蔽，C54x 对这一类中断总是响应的，并从主程序转移到中断服务程序。C54x 的非屏蔽中断包括所有的软件中断以及两个外部硬件中断：复位 $\overline{\text{RS}}$ 和 $\overline{\text{NMI}}$（也可以用软件进行 $\overline{\text{RS}}$ 和 $\overline{\text{NMI}}$ 设置）。$\overline{\text{RS}}$ 是对 C54x 所有操作方式都产生影响的非屏蔽中断，而 $\overline{\text{NMI}}$ 中断不会对 C54x 的任何操作方式产生影响，但 $\overline{\text{NMI}}$ 中断响应时，所有其他中断将被禁止。

（2）可屏蔽中断

这些都是可以用软件来屏蔽或开放的硬件和软件中断。C54x 最多可以支持 16 个用户可屏蔽中断(SINT15~SINT0)，但有的处理器只用到了其中的一部分，如 C5402 用这些中断中的 14 个（其他的在内部置为高）。由于这些中断中有些可以用软件或硬件初始化，所以会有两个名字。对于 VC5402，这些硬件中断包括：

- $\overline{\text{INT3}}$~$\overline{\text{INT0}}$（外部用户中断）；
- BRINT0、BXINT0、BRINT1、BXINT1（缓冲串行接口中断）；
- TINT0~TINT1（定时器中断）；
- HPINT（HPI 接口中断）；
- DMAC0、DMAC4、DMAC5（DMA 通道中断）。

2. 中断寄存器

涉及中断的寄存器有中断标志寄存器和中断屏蔽寄存器，分述如下。

（1）中断标志寄存器(IFR，Interrupt Flag Register)

中断标志寄存器(IFR)是一个存储器映射的 CPU 寄存器。当一个中断出现的时候，IFR 相应的中断标志位置 1，直到中断得到处理为止。图 7-1 所示为 C5402 中断标志寄存器结构图。

15	14	13	12	11	10	9	8	7	6	5	4	3	2	1	0
Resvd		DMAC5	DMAC4	BXINT1 or DMAC3	BRINT1 or DMAC2	HPINT	INT3	TINT1 or DMAC1	DMAC0	BXINT0	BRINT0	TINT0	INT2	INT1	INT0

图 7-1　VC5402 中断标志寄存器

第 15、14 位:保留位,总为 0。

第 13 位:DMA 通道 5 中断标志。

第 12 位:DMA 通道 4 中断标志。

第 11 位:缓冲串行接口发送中断 1 标志。

第 10 位:缓冲串行接口接收中断 1 标志。

第 9 位:HPI 中断标志。

第 8 位:外部中断 3 标志。

第 7 位:定时器中断 1 标志。

第 6 位:DMA 通道 0 中断标志。

第 5 位:缓冲串行接口发送中断 0 标志。

第 4 位:缓冲串行接口接收中断 0 标志。

第 3 位:定时器中断 0 标志。

第 2 位:外部中断 2 标志。

第 1 位:外部中断 1 标志。

第 0 位:外部中断 0 标志。

不同型号芯片的 IFR 中 5~0 位对应的中断源完全相同,是外部中断和通信中断标志位。其他 15~6 位中断源根据芯片的不同,定义的中断源类型不同。当对芯片进行复位、中断处理完毕,写 1 于 IFR 的某位,执行 INTR 指令等硬件或软件中断操作时,IFR 的相应位置 1,表示中断发生。通过读 IFR 可以了解是否有已经被挂起的中断,通过写 IFR 可以清除被挂起的中断。

下面 4 种情况都会将中断标志清 0:

- C54x 复位($\overline{RS}$为低电平);
- 中断得到处理;
- 将 1 写到 IFR 中的适当位(相应位变为 0),相应的尚未处理完的中断被清除;
- 利用适当的中断号来执行 INTR 指令,相应的中断标志位清 0。

(2) 中断屏蔽寄存器(IMR,Interrupt Mask Register)

中断屏蔽寄存器(IMR)也是存储器映射的 CPU 寄存器,主要用来屏蔽外部和内部的可屏蔽中断,其结构图同 IFR 完全一致。如果状态寄存器 ST1 中的中断屏蔽位 INTM=0,IMR 寄存器中的某一位为 1,就开放相应的中断。$\overline{NMI}$和$\overline{RS}$都不包括在 IMR 中,IMR 不能屏蔽这两个中断。

3. 中断响应过程

(1) 中断请求

当一个硬件设备或一个外部引脚有中断请求时,无论 DSP 是否响应中断,在 IFR 中的相应标志位都置 1,当中断响应后,这个标志自动清除。软件中断请求由程序中的指令 INTR、TRAP、RESET 产生。这些指令强行将 PC 指针跳转到相应中断服务子程序的入口。

(2) 中断响应

CPU 接收到硬件或软件的中断请求后,要判断是否响应该中断。软件中断和非屏蔽的硬件中断立即被响应,PC 指针将跳转到相应的中断程序入口处。而可屏蔽中断只有在以下条件满足时才能被响应,这些条件包括:

- 当前优先级最高。当同时有几个硬件请求中断时,C54x 根据优先级对其进行响应;
- 状态寄存器 ST1 中的 INTM 位是 0,表示允许可屏蔽中断;
- 中断屏蔽寄存器 IMR 中相应位为 1,表示允许该中断。

(3) 中断服务程序

响应中断后,CPU 执行中断服务程序步骤如下:

- 保护现场,将 PC 值压入堆栈;
- 载入中断向量表,将中断向量表地址送入 PC;
- 执行中断向量表,然后,程序将进入中断服务程序入口;
- 执行中断服务程序,直到遇到返回指令;
- 恢复现场,将栈顶值弹回到 PC;
- 继续执行主程序。

图 7-2 所示为中断操作流程图。

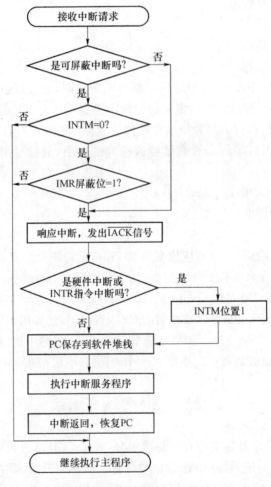

图 7-2　中断操作流程图

4. 重新映射中断向量地址

中断向量表可放在程序空间中以 128 字为一页的任何位置。PMST 寄存器中的中断向量指针 IPTR(9 位)形成中断向量地址的高 9 位,低 7 位由中断向量号(K 值)左移 2 位(乘 4)决定。在 DSP 复位时,IPTR 总为 1FFH,因此复位向量(K=0)的中断向量地址高 9 位为全 1,低 7 位为全 0,即 FF80H,DSP 复位后总是从 FF80 地址处执行程序。用户可以改变 IPTR 值来重定位中断向量表。

5. 中断服务程序

标准的中断服务程序如下。

```
        .sect ".vectors"      ;定义段的名称为 vectors
        .ref  start           ;程序入口,主程序中必须有 start 标号
RESET:                        ;复位引起的中断
        BD   start            ;程序无条件跳到入口起始点
        STM  ♯200,SP          ;设置堆栈大小
nmi:    RETE                  ;使能 NMI 中断
        NOP
        NOP
        NOP
sint17  .space4 * 16          ;程序内部的软件中断
sint18  .space4 * 16
sint19  .space4 * 16
sint20  .space4 * 16
sint21  .space4 * 16
sint22  .space4 * 16
sint23  .space4 * 16
sint24  .space4 * 16
sint25  .space4 * 16
sint26  .space4 * 16
sint27  .space4 * 16
sint28  .space4 * 16
sint29  .space4 * 16
sint30  .space4 * 16
int0:   B  int_program       ;外部中断 0,相应中断跳到标号 int_program 处
    NOP                       ;在主程序中必须有这个标号
    NOP
    NOP
int1: RETE                    ;外部中断 1
    NOP
    NOP
    NOP
int2 : RETE                   ;外部中断 2
    NOP
```

```
        NOP
        NOP
    tint ;RETE                      ;定时器中断
      NOP
      NOP
      NOP
    rint0: RETE                     ;串行接口 0 接收中断
      NOP
      NOP
      NOP
    xint0: RETE                     ;串行接口 0 发送中断
      NOP
      NOP
      NOP
    rint1: RETE                     ;串行接口 1 接收中断
      NOP
      NOP
      NOP
    xint1: RETE                     ;串行接口 1 发送中断
      NOP
      NOP
      NOP
    int3 : RETE                     ;外部中断 3
      NOP
      NOP
      NOP
    . end
```

7.2　定时器

TMS320C5402 片内有 2 个预定标的定时器,这种定时器是一个减法计数器,通过软件编程,可以周期性地产生中断和脉冲输出。

图 7-3 所示是定时器的组成框图。

定时器主要由 3 个寄存器所组成:定时器寄存器(TIM)、定时器周期寄存器(PRD)和定时器控制寄存器(TCR)。这 3 个寄存器都是存储器映射寄存器。TIM 是一个减 1 计数器。PRD 中存放时间常数。

TIM 用于重装载周期寄存器 PRD 的值。PSC 用于重装载周期寄存器 TDDR 的值。定时器控制寄存器(TCR)是一个 16 位的存储器映射寄存器,位结构如图 7-4 所示,各控制位和状态位的功能如表 7-2 所示。

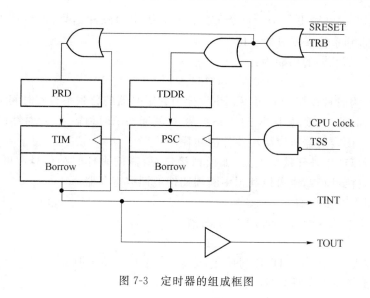

图 7-3　定时器的组成框图

15~12	11	10	9~6	5	4	3~0
保留	Soft	Free	PSC	TRB	TSS	TDDR

图 7-4　TCR 位结构图

表 7-2　TCR 的功能

位	名　称	复位值	功　能
15~12	保留	—	保留,读成 0
11 10	Soft Free	0 0	Soft 和 Free 结合起来使用,以决定在程序调试中遇到断点时定时器的工作状态 | Free	Soft	定时器状态
---	---	---
0	0	定时器立即停止工作
0	1	当计数器减到 0 时停止工作
1	X	定时器继续运行	
9~6	PSC	—	定时器预定标计数器,这是一个减 1 计数器,当 PSC 减到 0 后,CPU 自动将 TDDR 装入 PSC,然后 TIM 开始减 1
5	TRB	—	定时器重新加载位,用于复位片内定时器,当 TRB 置 1 时,以 PRD 中的数加载 TIM,以 TDDR 位域中的数加载到 PSC
4	TSS	0	定时器停止状态位,向 TSS 写入 1 停止定时器,向 TSS 写入 0 启动定时器
3~0	TDDR	0000	定时器预定标分频系数。按此分频系数对 CLKOUT 进行分频,以改变定时周期。当 PSC 减到 0 后,CPU 自动将 TDDR 装入 PSC

系统复位后,定时器控制寄存器的停止状态位 TSS=0,定时器启动工作,时钟信号 CLK-OUT 加到预定标计数器 PSC,PSC 也是一个减 1 计数器,每当复位或其减到 0 后,CPU 自动将定时器分频系数 TDDR 的值装入 PSC。PSC 在 CLKOUT 作用下,作减 1 计数。当 PSC 减到 0,产生一个借位信号,令 TIM 作减 1 计数,直到 TIM 减为 0,这时 CPU 发出 TINT 中断信

号,同时在 TOUT 引脚输出一个宽度为 CLKOUT 周期的脉冲信号,然后用 PRD 重新装入 TIM,重复下去直到系统或定时器复位。

定时器中断(TINT)的周期为:

$$\text{CLKOUT} \times (\text{TDDR} + 1) \times (\text{PRD} + 1)$$

其中:CLKOUT 为时钟周期,TDDR 和 PRD 分别为定时器的分频系数和时间常数。

若要关闭定时器,只要将 TCR 的 TSS 位置 1,就能切断时钟输入,定时器停止工作。当不需要定时器时,关闭定时器可以减小器件的功耗。

用定时器可以产生外部接口电路(如模拟接口)所需的采样时钟信号。可以输出 TOUT 信号直接作为器件的时钟,也可以利用中断周期性地读取寄存器。

初始化定时器的步骤如下:

(1) 将 TCR 中的 TSS 位置 1,关闭定时器;

(2) 加载 PRD 初值;

(3) 重新装入 TCR,使 TDDR 初始化,令 TSS 为 0 启动定时器,并对 TRB 位置 1,以便 TIM 减到 0 后重新装入定时器时间常数。

开放定时中断的步骤如下(假定 INTM=1):

(1) 将 IFR 中的 TINT 位置 1,清除尚未处理完的定时器中断;

(2) 将 IMR 中的 TINT 位置 1,开放定时器中断;

(3) 将 ST1 中的 INTM 位清 0,开放所有的中断。

下面举例说明定时器初始化和开放定时中断的步骤。

```
stm    ♯0000H,SWWSR
stm    ♯0010H,TCR
stm    ♯0100H,PRD
stm    ♯0C20H,TCR
stm    ♯0008H,IFR
stm    ♯0008H,IMR
rsbx   INTM
```

7.3   时钟发生器

时钟发生器由一个内部振荡器和一个锁相环(PLL)电路组成。设计者可以选择器件的时钟源。器件的时钟可以来自晶体振荡器:在 DSP 芯片引脚 X1 和 X2/CLKIN 间接一枚晶体,内部振荡器就可以工作;器件的时钟还可以来自外部时钟,外部时钟直接从 X2/CLKIN 引脚输入,X1 脚悬空。

锁相环电路(PLL)可以使 TMS320C54x 的外部时钟信号频率比 CPU 机器时钟(CLKOUT)频率低。C5402 工作时钟是由 X2/CLKIN 引脚上的输入时钟乘以一个比例系数,这个比例系数的产生和 VC5402 片内锁相环(PLL)的工作方式有关。C5402 片内 PLL 是软件可编程的,在 DSP 复位时,它是由 3 个引脚 CLKMD1/2/3 的电平决定,这 3 个引脚值也决定了时钟模式寄存器(CLKMD)的值。引脚 CLKMD1/2/3 可以用来调整 DSP 工作频率的高低,由此类引脚的状态决定 DSP 内部倍频的大小,倍频是指外部晶振的基频乘以设定的倍数,倍数与引脚 CLKMD1/2/3 的关系如表 7-3 所示。

表 7-3　CLKMD1/2/3 与分频的关系

CLKMD1	CLKMD2	CLKMD3	CLKMD 寄存器	时钟模式
0	0	0	E007H	乘 15,内部振荡器工作,PLL 工作
0	0	1	9007H	乘 10,内部振荡器工作,PLL 工作
0	1	0	4007H	乘 5,内部振荡器工作,PLL 工作
1	0	0	1007H	乘 2,内部振荡器工作,PLL 工作
1	1	0	F007H	乘 1,内部振荡器工作,PLL 工作
1	1	1	0000H	乘 1/2,内部振荡器工作,PLL 不工作
1	0	1	F000H	乘 1/4,内部振荡器工作,PLL 不工作
0	1	1	—	保留

　　C5402 复位后,也可以通过修改时钟方式寄存器(CLKMD)来重新设置时钟方式以得到希望的比例系数。表 7-4 和表 7-5 表示了如何设置 CLKMD 寄存器的内容以得到希望的比例系数。

表 7-4　时钟方式寄存器(CLKMD)各位域的功能

位	名　称	说　明
15～12	PLLMUL	PLL 乘因子。与 PLLDIV 及 PLLNDIV 共同决定频率的乘数
11	PLLDIV	分频因子。与 PLLMUL 及 PLLNDIV 共同决定频率的乘数
10～3	PLLCOUNT	PLL 计数器值。PLL 计数器是一个减法计数器,每 16 个输入时钟 CLKIN 到来后减 1。设定 PLL 启动后需要多少个输入时钟周期,以锁定输出、输入时钟
2	PLLON/OFF	PLL 打开/关闭。PLLON/OFF 和 PLLNDIV 共同决定 PLL 是否工作。只有两位都为 0,PLL 才不工作;其他情况,PLL 打开工作
1	PLLNDIV	时钟发生器选择位。为 0 时,分频(DIV)方式;为 1 时,锁相环(PLL)方式
0	PLLSTATUS	PLL 的状态位。指示时钟发生器的工作方式(只读),为 0 时,表明在 DIV 方式;为 1 时,表明在 PLL 方式

表 7-5　比例系数与 CLKMD 的关系

PLLNDIV	PLLDIV	PLLMUL	比例系数
0	X	0～14	0.5
0	X	15	0.25
1	0	0～14	PLLMUL+1
1	0	15	1
1	1	0 或偶数	(PLLMUL+1)/2
1	1	奇数	PLLMUL/4

7.4　软件可编程等待状态发生器

　　VC5402 访问慢速外设时,需要用软等待或硬等待的方法来降低对外设的访问速度。硬等待依靠外部送到引脚 READY 的信号来实现，软等待则依靠软件可编程等待状态发生器来设置。软件可编程等待状态发生器是由软件可编程等待状态寄存器（SWWSR）和软件等待状态控制寄存器（SWCR）来控制，SWWSR 将程序和数据存储器空间各划分为 2 个 32 KB 的块，I/O 空间有一个 64 KB 的块。每一个块在 SWWSR 中都有一个 3 位的字段，可以分别设置这 5 块的软等待周期数。表 7-6 所示为软件等待状态寄存器（SWWSR）各字段的功能。

表 7-6　软件等待状态寄存器（SWWSR）

位	名　称	说　明
15	XPA	为 0 时程序存储器不扩展，为 1 时程序存储器扩展（大于 64 KB）
14～12	I/O	I/O 空间的软等待周期数：0～7
11～9	DATA	片外数据空间 8000H～FFFFH 的软等待周期数：0～7
8～6	DATA	片外数据空间 0000H～7FFFH 的软等待周期数：0～7
5～3	PROG	片外程序空间 8000H～FFFFH（XPA＝0）的软等待周期数：0～7
2～0	PROG	片外程序空间 0000H～7FFFH（XPA＝0）或 0000H～FFFFH（XPA＝1）的软等待周期数：0～7

软件等待状态控制寄存器（SWCR）用于扩展 SWWSR 的软等待周期数，表 7-7 所示为软件等待状态控制寄存器（SWCR）的功能。

表 7-7　软件等待状态控制寄存器（SWCR）

位	名　称	复位值	功　能
15～1	保留	—	保留位
0	SWSM	0	软件等待状态乘法位。为 0 时，设置的等待状态数乘 1；为 1 时，乘 2

复位后，SWWSR＝7FFFH，全部片外空间为 7 个等待周期。SWCR 寄存器的最低位（其他位未用）SWSM 为 1 将使 SWWSR 设置的所有等待数乘 2 倍，SWSM 为 0（复位值）乘 1 倍。例如，SWWSR 设置的 7 等待数乘 2 倍后 DSP 实际要按 14 个等待数工作。

7.5　可编程分区切换逻辑

在外部存储器由多个存储芯片构成时，在不同芯片之间的地址转换过程中，需要有一定的延时。可编程分区切换逻辑允许 C54x 在外部存储器分区间切换时不需要外部为存储器插入等待状态。当跨越外部程序或数据空间中的存储器分区界线时，分区转换逻辑会自动插入一个周期。当使用多片外部存储器并要连续访问片外不同片的存储器时，两片存储器在关闭、打开时间上有先有后，插入等待状态将确保不会因为瞬间都处于打开状态而引起噪声和功耗的增大。

分区转换由分区转换控制寄存器（BSCR）来定义，它在数据区的映射地址为 0029H。分区转换控制寄存器各字段的功能如表 7-8 所示。

表 7-8　分区转换控制寄存器各字段的功能

位	名　称	复位值	功　能
15～12	BNKCMP	1111	分区对照位。此位决定外部分区的大小,当两次连续的片外访问在不同分区时,会自动插入一个等待状态。BNKCMP 用于屏蔽高 4 位地址 例如,BNKCMP＝1111,地址的高 4 位被屏蔽掉,所以分区大小为 4 KB 空间 见下表
11	PS－DS	1	程序空间读-数据空间读访问位。两次连续的访问为程序读-数据读或数据读-程序读时,中间是否插入一个附加等待周期 PS－DS＝0,不插;PS－DS＝1,插入一个附加的等待周期
10～3	Reserved	0	保留
2	HBH	0	HPI 总线保持位 HBH＝0,HPI 总线不保持 HBH＝1,使能 HPI 总线保持,HPI 总线保持在先前的逻辑电平
1	BH	0	总线保持位 BH＝0,总线不保持 BH＝1,使能总线保持,数据总线(D15～D0)保持在先前的逻辑电平
0	EXIO	0	外部总线接口关断位 EXIO＝0,外部总线接口处于接通状态 EXIO＝1,关闭外部总线接口,在完成当前总线周期后,地址总线、数据总线和控制信号变为无效。地址线为原先的状态,数据线为高阻状态,$\overline{PS}$、$\overline{DS}$、$\overline{IS}$、$\overline{MSTRB}$、$\overline{IOSTRB}$、$\overline{R/W}$、$\overline{MSC}$ 以及 $\overline{IAQ}$ 为高电平。PMST 中的 DROM、MP/$\overline{MC}$ 和 OVLY 以及 ST1 中的 HM 位都不能修改

BNKCMP	屏蔽地址	分区大小
0000	—	64 KB
1000	A15	32 KB
1100	A15～A14	16 KB
1110	A15～A13	8 KB
1111	A15～A12	4 KB

　　C54x 分区转换逻辑可以在下列几种情况下自动地插入一个附加的周期,让地址总线转换到一个新的地址,即

- 一次程序存储器读操作之后,紧跟着对不同的存储器分区的另一次程序存储器或数据存储器读操作。
- 当 PS－DS 置 1 时,一次程序存储器读操作之后,紧跟着一次数据存储器读操作。
- 对于 C548 和 C549,一次程序存储器读操作之后,紧跟着对不同页进行另一次程序存储器或数据存储器读操作。
- 一次数据存储器读操作之后,紧跟着对一个不同的存储器分区进行另一次程序存储器或数据存储器读操作。

7.6 通用 I/O 引脚

通用 I/O 引脚包括分支转移控制输入引脚($\overline{\text{BIO}}$)和外部标志输出引脚(XF)。

1. 分支转移控制输入引脚($\overline{\text{BIO}}$)

分支转移控制输入引脚($\overline{\text{BIO}}$)可用于监视外部接口器件的状态,程序可以根据$\overline{\text{BIO}}$的输入状态有条件地跳转,当时间要求严格时,代替中断非常有用。

2. 外部标志输出引脚(XF)

外部标志输出引脚(XF)可以用来为外部设备提供输出信号,XF 信号可以由软件控制,通过对 ST1 中的 XF 位置 1(SSBX XF)得到高电平,清 0(RSBX XF)得到低电平。复位时,XF 为高电平。

7.7 主机接口(HPI)

主机接口(HPI,Host Port Interface)提供了 DSP 和外部处理器的接口。在 TMS320C54x 系列 DSP 中,只有 542、545、548 和 549 提供了标准的 8 位 HPI 接口,C54xx 系列中 C5402、C5410 提供了 8 位增强 HPI 接口,C5420 提供了 16 位增强 HPI 接口。

HPI 的优点是用于主机(其他 DSP 或单片机)与 C54x DSP 的通信,通信的主控方为其他的主机,HPI 只需要很少或不需要外部逻辑就能和很多不同的主机设备相连。这里仅介绍 8 位 HPI 接口。

7.7.1 HPI-8 接口的结构

1. HPI-8 接口的特点

(1) 一个 8 位并行接口。

(2) 用于主机(其他控制器)与 C54x DSP 的通信,实现主机访问 DSP 的内部 2KB 的双口 RAM(HPI 存储器)。

(3) HPI 具有以下两种工作模式。

① 共用访问模式(SAM):主机和 C54x DSP 都能访问 HPI 存储器。主机具有访问优先权,C54x DSP 等待一个周期。

② 仅仅主机访问模式(HOM)。

(4) HPI 支持主机与 C54x DSP 之间高速传输数据。

2. 主机接口 HPI-8 的结构

HPI-8 结构框图如图 7-5 所示,主机通过访问 HPI 的 3 个寄存器实现对 DSP 内部 RAM 的访问。

HPI 地址寄存器(HPIA):该寄存器中存放当前访问所需的 C54x 片内 RAM 地址,主机可以直接访问。

HPI 控制寄存器(HPIC):可以由主机或 C54x DSP 直接访问,包含了 HPI 操作的控制和状态位。

HPI 数据寄存器(HPID):只能由主机直接访问,包含从 HPI 存储器读出的数据,或者要写到 HPI 存储器的数据。

HPI 控制逻辑:用于处理 HPI 与主机之间的接口信号。

HPI 存储器(DARAM):用于 C54x DSP 与主机之间传送数据。

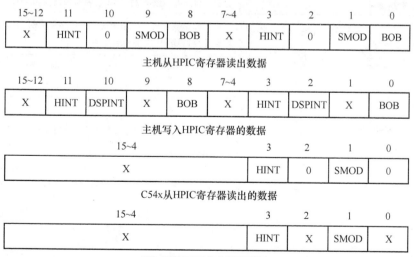

图 7-5　HPI-8 结构框图

7.7.2　HPI-8 控制寄存器和接口信号

HPI 控制寄存器(HPIC)的状态位控制着 HPI 的操作。图 7-6 所示为 HPI-8 的 HPIC 寄存器位结构图。

15~12	11	10	9	8	7~4	3	2	1	0
X	HINT	0	SMOD	BOB	X	HINT	0	SMOD	BOB

主机从HPIC寄存器读出数据

15~12	11	10	9	8	7~4	3	2	1	0
X	HINT	DSPINT	X	BOB	X	HINT	DSPINT	X	BOB

主机写入HPIC寄存器的数据

15~4	3	2	1	0
X	HINT	0	SMOD	0

C54x从HPIC寄存器读出的数据

15~4	3	2	1	0
X	HINT	X	SMOD	X

C54x写入HPIC寄存器的数据

图 7-6　HPI-8 的 HPIC 寄存器位结构图

各位的功能如下。

(1) BOB:字节次序位。只能由主机读/写,如果 BOB=1,主机读/写的第 1 个字节为低字节,第 2 个字节为高字节;如果 BOB＝0,主机读/写的第 1 个字节为高字节,第 2 个字节为低字节。主机第一次读/写 HPIA 和 HPID 之前,BOB 必须进行初始化。

（2）SMOD：HPI-8 寻址方式位。如果 SMOD＝1,选择共用寻址方式（SAM）;如果 SMOD＝0,仅主机寻址方式（HOM）,C54x 不能寻址 HPI 的 RAM 区。C54x 复位期间, SMOD＝0;复位后,SMOD＝1。SMOD 位只能由 C54x 修改,而 C54x 和主机都可以读该位。

（3）DSPINT：主机向 C54x 发出中断位。只能由主机写,且 C54x 和主机都不能读该位, 当主机写 DSPINT＝1 时,对 C54x DSP 产生一次中断;当主机写 DSPINT＝0 时,无任何影响。主机对 HPIC 写时,高、低位字节必须写入相同的值。

（4）HINT：C54x 向主机发出中断位。C54x 写 HINT＝1 使 DSP 引脚 $\overline{HINT}$＝0,用来中断主机;主机写 HINT＝1 可清除中断。

HPI-8 接口信号名称及其功能如表 7-9 所示。

表 7-9　HPI-8 接口信号名称及其功能

HPI 引脚	主机引脚	状　态	信号功能			
$\overline{HAS}$	地址锁存允许（ALE）或地址选通或不用（接到高电平）	I	地址选通输入信号。如果主机的地址和数据是一个多路复用总线,则 $\overline{HAS}$ 连到主机的 ALE 引脚;如果主机的地址和数据总线是分开的,就将 $\overline{HAS}$ 接高电平			
HBIL	地址或控制线	I	字节识别信号。识别主机传送过来的是第 1 个字节还是第 2 个字节（第 1 个字节是高字节还是低字节,由 HPIC 寄存器中的 BOB 位决定）,HBIL＝0,为第 1 个字节;HBIL＝1,为第 2 个字节			
$\overline{HCS}$	地址或控制线	I	片选信号。在每次寻址期间必须为低电平,而在两次寻址期间也可以停留在低电平			
HD0～HD7	数据总线	I/O/Z	双向并行三态数据总线			
$\overline{HDS1}$ $\overline{HDS2}$	读选通和写选通或数据选通	I	数据选通输入信号。在主机寻址 HPI 周期内控制 HPI 数据的传送。$\overline{HDS1}$、$\overline{HDS2}$ 与 $\overline{HCS}$ 组合产生内部选通信号			
HCNTL0 HCNTL1	地址或控制线	I	主机控制输入信号。用来选择主机要寻址的 HPIA 寄存器、HPI 数据锁存器或 HPIC 寄存器			
			HCNTL1	HCNTL0	说　明	
			0	0	主机可以读/写 HPIC 寄存器	
			0	1	主机可以读/写 HPI 的数据锁存器。每读一次,HPIA 事后增 1;每写一次,HPIA 事先增 1	
			1	0	主机可以读/写 HPIA 寄存器。该寄存器指向 HPI 的 RAM	
			1	1	主机可以读/写 HPI 的数据锁存器,但 HPIA 不受影响	
$\overline{HINT}$	主机中断输入	O/Z	主机中断输入信号。受 HPIC 寄存器中的 HINT 位控制。当 C54x 复位时为高电平			
HRDY	异步准备好	O/Z	HPI 准备好输出信号。高电平表示 HPI 已准备好数据传输,主机可以进行数据传输;低电平表示 HPI 接口忙,主机不可传输数据			
HR/$\overline{W}$	读/写选通,地址线或多路地址/数据	I	读/写输入信号。高电平表示主机要读 HPI,低电平表示主机要写 HPI			

7.7.3　HPI-8 与主机的接口

　　HPI-8 不需要或需要很少的附加逻辑就能够和各种主机相连。8 位数据总线（HD0～HD7）用于和主机交换数据，两个控制输入（HCNTL0 和 HCNTL1）指示访问哪一个 HPI-8 寄存器，这两个控制输入和 HBIL 一起，通常由主机地址总线驱动。图 7-7 给出了 C54x DSP 的 HPI-8 和主机之间的一个简单连接框图。

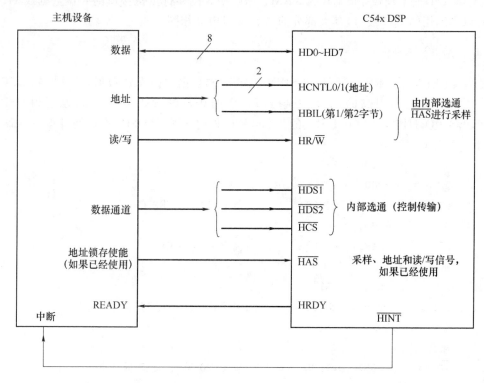

图 7-7　C54x DSP 的 HPI-8 和主机之间的连接图

　　（1）主机通常是 PC 机，可以将主机的高位地址线译码产生 $\overline{\text{HDS1}}$、$\overline{\text{HDS2}}$ 和 $\overline{\text{HCS}}$ 信号，主机的读/写控制产生 $\text{HR}/\overline{\text{W}}$ 信号，$\overline{\text{HDS1}}$、$\overline{\text{HDS2}}$、$\overline{\text{HCS}}$ 信号可以接在一起，由主机产生的选通（译码）脉冲驱动。

　　（2）主机利用 HCNTL0、HCNTL1 来区分 3 个 HPI 寄存器，利用 HBIL、HPIC 寄存器中的 BOB 位区分 16 位数据的高、低字节。因此一种简单的方法是把主机的 3 个低位地址线 A2、A1、A0 分别接到 HCNTL0、HCNTL1、HBIL 上。

　　（3）8 位数据总线（HD0～HD7）与主机之间交换信息。HPI 存储器为 2 KB×16 位的双访问 RAM 块，其地址范围为数据存储空间的 1000H～17FFH

　　（4）主机先向 HPIC 写入控制字，以设置工作方式，然后将访问地址写入 HPIA，再对 HPID 进行读写。当主机连续把地址写入存储器时，可以只送出一次地址码，C54x 的主机接口控制逻辑会在每次访问前/后将地址自动增 1。

　　（5）HRDY 是 C54x 告诉主机设备已准备好的标志，当 HRDY 为低时，主机推迟对 C54x 的访问。但多数情况下，主机访问速度低于 C54x 反应速度，这时主机可以不理会 HRDY 信号，对 C54x 连续访问。

　　（6）主机和 C54x 可以用 HPIC 中的对应位向对方提出中断请求，主机发出的中断请求直接送给 C54x,而 C54x 向主机发出的中断请求则送到 $\overline{HINT}$ 引脚上,只有将 $\overline{HINT}$ 接到主机的中断源输入上,才能让主机收到这个请求。

(7) $\overline{HAS}$ 信号只有在主机的地址、数据线复用时才被用到,如 PC 机的 CPU、单片机等,在这种情况下,$\overline{HAS}$ 与地址锁存信号 $\overline{ALE}$ 相连,在 $\overline{HAS}$ 的下降沿将数据线上的数据作为地址锁存到 C54x 片内。不用 $\overline{HAS}$ 时应将其接高电平。

增强型 8 位并行主机接口 HPI 是标准型 8 位并行接口的改进,它可以让主机访问到 DSP 内的所有 RAM,而不仅仅是 2 KB 的 RAM。增强型 8 位并行主机接口的 8 位数据线 HD0~HD7 可以作通用的 I/O 接口,其大部分的功能与 HPI-8 相同。

7.7.4　应用举例

假设双 DSP 通过 HPI 口通信。DSP1 向 DSP2 的数据空间发送数据,并读回到 DSP1 的存储器中。DSP2 的 HPI 口的 HPIC 映射到 DSP1 的 0x8008、0x8009;HPIA 映射到 DSP1 的 0x800C、0x800D;HPID 映射到 DSP1 的 0x800A、0x800B。由于 DSP2 在访问过程中不需要操作,以下为 DSP1 的程序。

```
        STM     0x1000, AR1
        ST      0x00, * AR1
        PORTW   * AR1, 0x8008       ;将 0x00 写入 HPIC
        ST      0x00, * AR1
        PORTW   * AR1, 0x8009       ;高低位都为 0x00
        NOP
        ST      0x10, * AR1
        PORTW   * AR1, 0x800C       ;将 0x10 写入 HPIA 高位
        ST      0x20, * AR1
        NOP
        PORTW   * AR1 ,0x800D       ;将 0x20 写入 HPIA 低位
        NOP                         ;地址为 0x1020

Loop:   ST      0x1A, * AR1
        PORTW   * AR1, 0x800A       ;将 0x1A2B 写入 DSP2 的 0x1020
        ST      0x2B, * AR1
        PORTW   * AR1, 0x800B
        NOP
        STM     0x1010, AR2
        PORTR   0x800A, * AR2       ;将读到的数放入 0x1010 和 0x1011
        NOP                         ;2 个单元,每个为 8 位数
        STM     0x1011 ,AR2
        PORTR   0x800B, * AR2
        ST      0x3C, * AR1
        PORTW   * AR1, 0x800A       ;利用自动增量模式将 0x3C4D 写入
                                    ;DSP2 的 0x1021
        ST      0x4D, * AR1
```

```
        NOP
        PORTW   * AR1, 0x800B
        STM     0x1012, AR2
        NOP
        PORTR   0x800A, * AR2        ;将 DSP2 中的数通过 HPI 读到
                                     ;DSP1 的 0x1012 和 0x1013 中
        NOP                          ;DSP1 2 个单元中分别为 2 个 8 位数
        STM     0x1013, AR2
        PORTR   0x800B, * AR2
hear    B  hear
        .end
```

7.8　串行接口

7.8.1　串行接口概述

C54x 具有高速、全双工串行接口,可用来与系统中的其他 C54x 器件、编码解码器、串行 A/D 以及其他的串行器件直接接口。C54x 中的串行接口有四种形式:标准同步串行接口 (BP)、时分多路串行接口(TDM)、缓冲串行接口(BSP)和多通道缓冲串行接口(McBSP)。

1. 标准同步串行接口

标准同步串行接口有 2 个存储器映射寄存器用于传送数据:发送数据寄存器(DXR)和接收数据寄存器(DRR)。每个串行接口的发送和接收部分都有与之相关联的时钟、帧同步脉冲以及串行移位寄存器;串行数据可以按 8 位字节或 16 位字节转换。串行接口在进行收发数据操作时,可以产生它们自己的可屏蔽收发中断(RINT 和 XINT),让软件来管理串行接口数据的传送,C54x 的串行接口都是双缓冲的。当缓冲串行接口和时分多路串行接口工作在标准方式时,它们的功能与标准串行接口相同。

2. 时分多路串行接口

时分多路串行接口(TDM)是将时间分为时间段,周期性地分别按时间段顺序与不同器件通信的工作方式。各通道的发送或接收相互独立。C54x TDM 最多可以有 8 个 TDM 信道可用。这样,TDM 为多处理器通信提供了简便而有效的接口。

3. 缓冲串行接口

缓冲串行接口(BSP)在标准同步串行接口的基础上增加了一个自动缓冲单元(ABU)。BSP 是一种增强型标准串行接口。ABU 利用独立于 CPU 的专用总线,让串行接口直接读/写 C54x 的内部存储器。这样可以使串行接口处理事务的开销最省,并能达到较快的数据率。

4. 多通道缓冲串行接口(McBSP)

多通道缓冲串行接口(McBSP)是在缓冲同步串行接口和时分多路串行接口的基础上发展起来的,它既可以利用 DSP 提供的 DMA 功能实现自动缓存功能,又可以实现时分多路通信功能。C5402 有 2 个 McBSP 串行接口,C5410 有 3 个 McBSP 串行接口,C5402 有 6 个 McBSP 串行接口。本节主要讨论多通道缓冲串行接口。

7.8.2 多通道缓冲串行接口

1. McBSP 的主要特点

(1) 全双工通信。

(2) 双缓冲发送,三缓冲接收,提供数据流工作方式。

(3) 独立的发送接收帧同步与时钟同步。

(4) 直接与工业标准的模拟接口器件 AIC、串行 A/D 和 D/A 相连。

(5) 可以使用外部时钟,也可使用内部可编程时钟。

(6) 最多 128 通道的发送和接收。

(7) 数据可以 8、12、16、20、24 和 32 方式传送。

(8) 可编程的帧同步有效与数据时钟有效可选。

2. McBSP 的内部结构

(1) McBSP 的结构及引脚

TMS320C54x 的 McBSP 由引脚、接收发送部分、时钟及帧同步信号、多通道选择以及 CPU 中断信号和 DMA 同步信号组成,如图 7-8 所示。

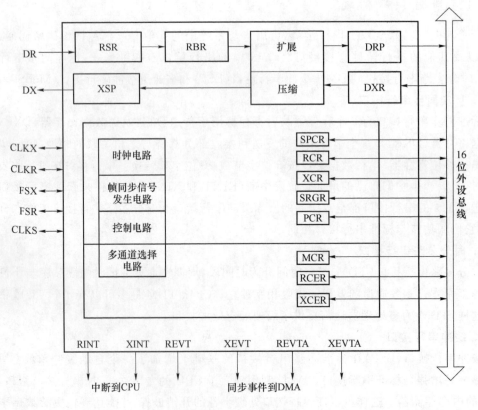

图 7-8 McBSP 结构图

表 7-10 给出了有关引脚的定义,McBSP 通过这 7 个引脚为外部设备提供了数据通道和控制通道。

表 7-10 McBSP 引脚说明

引 脚	I/O/Z	说 明
DR	I	串行数据接收
DX	O/Z	串行数据发送
CLKR	I/O/Z	接收数据位时钟
CLKX	I/O/Z	发送数据位时钟
FSR	I/O/Z	接收帧同步
FSX	I/O/Z	发送帧同步
CLKS	I	外部时钟输入

McBSP 通过 DX 和 DR 实现 DSP 与外部设备的通信和数据交换。其中 DX 完成数据的发送，DR 用来接收数据。控制信息通过 CLKX、CLKR、FSX 和 FSR，以时钟和帧同步的形式进行通信，C54x 通过内部 16 位并行总线与 McBSP 的 16 位控制寄存器进行通信。表 7-11 给出了 McBSP 的 CPU 和 DMA 同步操作内部信号说明。

表 7-11 McBSP 的内部信号说明

信 号	说 明
RINT	接收中断，送往 CPU
XINT	发送中断，送往 CPU
REVT	DMA 接收到同步事件
XEVT	向 DMA 发出事件同步
REVTA	DMA 接收到同步事件 A
XEVTA	向 DMA 发出事件同步 A

（2）McBSP 内部寄存器

DSP 通过片内外设总线访问和控制 McBSP 的内部控制寄存器和数据接收/发送寄存器，涉及的寄存器如表 7-12 所示。

表 7-12 McBSP 内部寄存器

寄存器名称	说 明	映射地址			子地址
		McBSP0	McBSP1	McBSP2	
RBR[1,2]	接收缓冲寄存器 1 和 2	—	—	—	
RSR[1,2]	接收移位寄存器 1 和 2	—	—	—	
XSR[1,2]	发送移位寄存器 1 和 2	—	—	—	
DRR2x	数据接收寄存器 2	0020H	0040H	0030H	
DRR1x	数据接收寄存器 1	0021H	0041H	0031H	
DXR2x	数据发送寄存器 2	0022H	0042H	0032H	
DXR1x	数据发送寄存器 1	0023H	0043H	0033H	
SPSAx	子地址寄存器	0038H	0048H	0034H	
SPCR1x	串行接口控制寄存器 1	0039H	0049H	0035H	0x0000
SPCR2x	串行接口控制寄存器 2	0039H	0049H	0035H	0x0001

寄存器名称	说　明	映射地址			子地址
		McBSP0	McBSP1	McBSP2	
RCR1x	接收控制寄存器 1	0039H	0049H	0035H	0x0002
RCR2x	接收控制寄存器 2	0039H	0049H	0035H	0x0003
XCR1x	发送控制寄存器 1	0039H	0049H	0035H	0x0004
XCR2x	发送控制寄存器 2	0039H	0049H	0035H	0x0005
SRGR1x	采样率发生器寄存器 1	0039H	0049H	0035H	0x0006
SRGR2x	采样率发生器寄存器 2	0039H	0049H	0035H	0x0007
MCR1x	多通道控制寄存器 1	0039H	0049H	0035H	0x0008
MCR2x	多通道控制寄存器 2	0039H	0049H	0035H	0x0009
RCERAx	接收通道使能寄存器 A	0039H	0049H	0035H	0x000A
RCERBx	接收通道使能寄存器 B	0039H	0049H	0035H	0x000B
XCERAx	发送通道使能寄存器 A	0039H	0049H	0035H	0x000C
XCERBx	发送通道使能寄存器 B	0039H	0049H	0035H	0x000D
PCRx	引脚控制寄存器	0039H	0049H	0035H	0x000E

由表 7-12 可知,每个 McBSP 口包括很多寄存器,而 C54x 的数据存储器第 0 页长度有限(80H 个字),因此,对于 McBSP 这样拥有很多寄存器的片内外设采用了子地址的寻址技术,指的是多路复用技术,可以实现一组寄存器共享存储器中的一个单元,可以使用少量的寄存器映射存储器空间来访问 McBSP 的 20 多个寄存器。

下面以配置 McBSP0 的控制寄存器(SPCR10)为例,介绍这种寻址方法,代码如下。

```
SPSA0    .set    38H          ;定义子块地址寄存器映射地址
SPSD0    .set    39H          ;定义子块数据寄存器映射地址
SPCR10   .set    00H          ;定义 SPCR10 的偏移子地址
STM  # SPCR10,SPSA0           ;写入 SPCR10 的偏移子地址到子块地址寄存器
STM  #0000H,SPSD0             ;将控制信息写入 SPCR10
```

3. McBSP 控制寄存器

McBSP 通过 2 个 16 bit 串行接口控制寄存器 1 和 2(SPCR[1,2])和引脚控制寄存器(PCR)进行配置,这些寄存器包含了 McBSP 的状态信息和控制信息。除 SPCR[1,2] 和 PCR 之外,McBSP 还配置了接收控制寄存器 RCR[1,2]和发送控制寄存器 XCR[1,2]来确定接收和发送操作的参数。

(1) 串行接口接收控制寄存器 SPCR1、SPCR2

串行接口接收控制寄存器 SPCR1、SPCR2 控制位功能说明如表 7-13 和表 7-14 所示。

表 7-13　SPCR1 控制位功能说明

位	字段名	功　能
15	DLB	数字环路返回模式 DLB=0　数字环路返回模式无效,串行接口工作在正常方式 DLB=1　数字环路返回模式有效,在 McBSP 内部将收、发部分连在一起,即 DX 与 DR、FSX 与 FSR、CLKX 与 CLKR 分别相连

续 表

位	字段名	功　能
14~13	RJUST	接收数据的符号扩展及对齐方式 RJUST=00　右对齐、MSB 补零 RJUST=01　右对齐、MSB 符号扩展 RJUST=10　左对齐、LSB 补零 RJUST=11　保留
12~11	CLKSTP	时钟停止模式 CLKSTP=0X　时钟停止模式无效,非 SPI 模式下为正常时钟 各种 SPI 模式: (1) CLKSTP=10　且 CLKXP=0 时钟开始于上升沿(无延迟)。缓冲串行接口在 CLKX 上升沿发送数据,在 CLKR 下降沿接收数据 (2) CLKSTP=10　且 CLKXP=1 时钟开始于下降沿(无延迟)。缓冲串行接口在 CLKX 下降沿发送数据,在 CLKR 上升沿接收数据 (3) CLKSTP=11　且 CLKXP=0 时钟开始于上升沿(有延迟)。缓冲串行接口在 CLKX 上升沿前半个时钟周期发送数据,在 CLKR 上升沿接收数据 (4) CLKSTP=11　且 CLKXP=1 时钟开始于下降沿(有延迟)。缓冲串行接口在 CLKX 下降沿前半个时钟周期发送数据,在 CLKR 下降沿接收数据
10~8	RESERVED	保留
7	DXENA	DX　引脚使能 DXENA=0　DX 引脚无效 DXENA=1　DX 引脚有效
6	ABIS	ABIS　模式 ABIS=0　A-bis 模式无效 ABIS=1　A-bis 模式有效
5~4	RINTM	接收中断模式 RINTM=00　RINT 由 RRDY(字尾)和 ABIS 模式的帧尾驱动 RINTM=01　RINT 由多通道运行时的块尾和帧尾产生 RINTM=10　RINT 由一个新的帧同步信号产生 RINTM=11　RINT 由 RSYNCERR 产生
3	RSYNCERR	接收同步错误 RSYNCERR=0　没有错误;RSYNCERR=1　有错误
2	RFULL	接收移位寄存器满 RFULL=0　RBR[1,2] 不满 RFULL=1　DRR[1,2]未读,RBR[1,2]已满,RSR[1,2]已填入新数据
1	RRDY	接收器就绪 RRDY=0　接收器未就绪 RRDY=1　接收器就绪,可以从 DRR[1,2]中读取数据
0	$\overline{RRST}$	接收器复位 $\overline{RRST}$=0　串行接口接收器无效,处于复位状态 $\overline{RRST}$=1　串行接口接收器有效

表 7-14 SPCR2 控制位功能说明

位	字段名	功 能
15～10	RESERVED	保留
9 8	FREE SOFT	FREE 和 SOFT 都是仿真位,当高级语言调试程序过程中遇到一个断点时,将由这两位决定串行接口时钟的状态 （见下表）

FREE	SOFT	串行接口时钟状态
0	0	立即停止串行接口时钟,结束传送数据
0	1	若正在发送数据,则等到当前字送完后停止发送数据;接收数据不受影响
1	X	不管 SOFT 为何值,一旦出现断点,时钟继续运行,数据继续传输

位	字段名	功 能
7	$\overline{FRST}$	帧同步产生器复位 $\overline{FRST}=0$ 帧同步逻辑复位,帧同步信号 FSG 不由采样率发生器提供 $\overline{FRST}=1$ 帧同步信号 FSG 每隔(FPER+1)个 CLKG 时钟产生一次
6	$\overline{GRST}$	采样率发生器复位 $\overline{GRST}=0$ 采样率发生器复位 $\overline{GRST}=1$ 采样率发生器复位结束
5～4	XINTM	发送中断模式 XINTM=00 XINT 由 XRDY 驱动和 A-bis 模式的帧尾产生 XINTM=01 XINT 由多通道运行时的块尾和帧尾产生 XINTM=10 XINT 由一个新的帧同步信号产生 XINTM=11 XINT 由 XSYNCERR 产生
3	XSYNCERR	发送同步错误 XSYNCERR=0 没有发送同步错误 XSYNCERR=1 McBSP 检测到发送同步错误
2	$\overline{XEMPTY}$	发送移位寄存器空 $\overline{XEMPTY}=0$ 发送移位寄存器空 $\overline{XEMPTY}=1$ 发送移位寄存器未空
1	XRDY	发送器就绪 XRDY=0 发送器尚未就绪 XRDY=1 发送器已就绪
0	$\overline{XRST}$	发送器复位 $\overline{XRST}=0$ 串行接口发送器无效,处于复位状态 $\overline{XRST}=1$ 串行接口发送器有效

(2) 引脚控制寄存器 PCR

PCR 除了在通常串行接口操作中配置 McBSP 引脚作为输入、输出外,还可以配置串行接口作为通用 I/O 口。PCR 控制位功能说明如表 7-15 所示。

表 7-15　PCR 控制位功能说明

位	字段名	功　能
15～14	RESERVED	保留
13	XIOEN	发送通用 I/O 模式(仅当 SPCR 中的 $\overline{XRST}=0$ 时) XIOEN=0　DX、FSX 和 CLKX 被设置为串行接口引脚,不作通用 I/O 引脚 XIOEX=1　DX、FSX 和 CLKX 不用作串行接口引脚,用作通用 I/O 引脚
12	RIOEN	接收通用 I/O 模式(仅当 SPCR 中的 $\overline{RRST}=0$ 时) RIOEN=0　DR、FSR、CLKR 和 CLKS 被设置为串行接口引脚,不作通用 I/O 引脚 RIOEN=1　DR、FSR、CLKR 和 CLKS 不作串行接口引脚,用作通用 I/O 引脚
11	FSXM	发送帧同步模式 FSXM=0　帧同步信号由外部信号源驱动 FSXM=1　帧同步信号由 SRGR 中的 FSGM 位决定
10	FSRM	接收帧同步模式 FSRM=0　帧同步信号由外部器件提供;FSR 为输入引脚 FSRM=1　帧同步信号由内部的采样率发生器提供;FSR 为输出引脚
9	CLKXM	发送时钟模式 CLKXM=0　发送时钟由外部时钟驱动,CLKX 为输入引脚 CLKXM=1　CLKX 为输出引脚,由内部的采样率发生器驱动 SPI 模式下的设置 CLKXM=0　McBSP 作为从器件,CLKX 由 SPI 系统中的主器件提供,CLKR 在内部由 CLKX 驱动 CLKXM=1　McBSP 作为主器件,产生 CLKX 驱动 CLKR 及 SPI 系统中从器件的移位时钟
8	CLKRM	接收时钟模式 SPCR1 中的 DLB=0 时: CLKRM=0　由外部时钟驱动,CLKR 为输入引脚 CLKRM=1　CLKR 为输出引脚,由内部的采样率发生器驱动 SPCR1 中的 DLB=0 时: CLKRM=0　接收时钟(不是 CLKR 引脚)由发送时钟(CLKX)驱动,CLKX 取决于 PCR 中的 CLKXM 位,CLKR 引脚呈高阻抗 CLKRM=1　CLKR 为输出引脚,由发送时钟(CLKX)驱动,CLKX 取决于 PCR 中的 CLKXM 位
7	RESERVED	保留
6	CLKS_STAT	CLKS 引脚状态 当 CLKS 为通用输入时,该位用于反映该引脚的值
5	DX_STAT	DX 引脚状态 当 DR 为通用输出时,该位用于反映该引脚的值
4	DR_STAT	DR 引脚状态 当 DR 为通用输入时,该位用于反映该引脚的值

位	字段名	功　能
3	FSXP	发送帧同步极性 FSXP＝0　发送帧同步 FSX 高电平有效 FSXP＝1　发送帧同步 FSX 低电平有效
2	FSRP	接收帧同步极性 FSRP＝0　发送帧同步 FSR 高电平有效 FSRP＝1　发送帧同步 FSR 低电平有效
1	CLKXP	发送时钟极性 CLKXP＝0　在 CLKX 的上升沿对发送数据采样 CLKXP＝1　在 CLKX 的下降沿对发送数据采样
0	CLKRP	接收时钟极性 CLKRP＝0　在 CLKR 的下降沿对接收数据采样 CLKRP＝1　在 CLKR 的上升沿对接收数据采样

（3）接收控制寄存器 RCR1、RCR2

接收控制寄存器 RCR1、RCR2 控制位功能说明如表 7-16 和表 7-17 所示。

表 7-16　接收控制寄存器 RCR1 控制位功能说明

位	字段名	功　能
15	RESERVED	保留
14～8	RFRLEN1	接收帧长度 1 RFRLEN1＝000 0000　每帧 1 个字 RFRLEN1＝000 0001　每帧 2 个字 ⋮ RFRLEN1＝111 1111　每帧 128 个字
7～5	RWDLEN1	接收字长度 1 RWDLEN1＝000　每字 8 bit RWDLEN1＝001　每字 12 bit RWDLEN1＝010　每字 16 bit RWDLEN1＝011　每字 20 bit RWDLEN1＝100　每字 24 bit RWDLEN1＝101　每字 32 bit RWDLEN1＝11X　保留
4～0	RESERVED	保留

表 7-17　接收控制寄存器 RCR2 控制位功能说明

位	字段名	功　能
15	RPHASE	接收相 RPHASE＝0　单相帧 RPHASE＝1　双相帧

位	字段名	功　能
14～8	RFRLEN2	接收帧长度 2 RFRLEN2＝000 0000　每帧 1 个字 RFRLEN2＝000 0001　每帧 2 个字 ⋮ RFRLEN2＝111 1111　每帧 128 个字
7～5	RWDLEN2	接收字长度 2 RWDLEN2＝000　　每字 8 bits RWDLEN2＝001　　每字 12 bits RWDLEN2＝010　　每字 16 bits RWDLEN2＝011　　每字 20 bits RWDLEN2＝100　　每字 24 bits RWDLEN2＝101　　每字 32 bits RWDLEN2＝11X　　保留
4～3	RCOMPAND	接收压缩/解压模式 RCOMPAND＝00　无压缩/解压,数据传输从 MSB 开始 RCOMPAND＝01　无压缩/解压,数据传输从 LSB 开始 RCOMPAND＝10　接收数据进行 μ 律压缩/解压 RCOMPAND＝11　接收数据进行 A 律压缩/解压
2	RFIG	接收帧忽略 RFIG＝0　第一个接收帧同步脉冲之后的帧同步脉冲重新启动数据传输 RFIG＝1　第一个接收帧同步脉冲之后的帧同步脉冲被忽略
1～0	RDATDLY	接收数据延迟 RDATDLY＝00　0 bit 数据延迟 RDATDLY＝01　1 bit 数据延迟 RDATDLY＝10　2 bit 数据延迟 RDATDLY＝11　保留

（4）发送控制寄存器 XCR1、XCR2

发送控制寄存器 XCR1、XCR2 控制位功能说明如表 7-18 和表 7-19 所示。

表 7-18　发送控制寄存器 XCR1 控制位功能说明

位	字段名	功　能
15	RESERVED	保留
14～8	XFRLEN1	发送帧长度 1 XFRLEN1＝000 0000　每帧 1 个字 XFRLEN1＝000 0001　每帧 2 个字 ⋮ XFRLEN1＝111 1111　每帧 128 个字

位	字段名	功 能
7～5	XWDLEN1	发送字长度 1 XWDLEN1＝000　每字 8 bits XWDLEN1＝001　每字 12 bits XWDLEN1＝010　每字 16 bits XWDLEN1＝011　每字 20 bits XWDLEN1＝100　每字 24 bits XWDLEN1＝101　每字 32 bits XWDLEN1＝11X　保留
4～0	RESERVED	保留

表 7-19　发送控制寄存器 XCR2 控制位功能说明

位	字段名	功 能
15	XPHASE	发送相 XPHASE＝0　单相帧 XPHASE＝1　双相帧
14～8	XFRLEN2	发送帧长度 2 XFRLEN2＝000 0000　每帧 1 个字 XFRLEN2＝000 0001　每帧 2 个字 ⋮ XFRLEN2＝111 1111　每帧 128 个字
7～5	XWDLEN2	发送字长度 2 XWDLEN2＝000　每字 8 bits XWDLEN2＝001　每字 12 bits XWDLEN2＝010　每字 16 bits XWDLEN2＝011　每字 20 bits XWDLEN2＝100　每字 24 bits XWDLEN2＝101　每字 32 bits XWDLEN2＝11X　保留
4～3	XCOMPAND	发送压缩/解压模式 XCOMPAND＝00　无压缩/解压,数据传输从 MSB 开始 XCOMPAND＝01　无压缩/解压,数据传输从 LSB 开始 XCOMPAND＝10　发送数据进行 μ 律压缩/解压 XCOMPAND＝11　发送数据进行 A 律压缩/解压
2	XFIG	发送帧忽略 XFIG＝0　第一个发送帧同步脉冲之后的帧同步脉冲重新启动数据传输 XFIG＝1　第一个发送帧同步脉冲之后的帧同步脉冲被忽略
1～0	XDATDLY	发送数据延迟 XDATDLY＝00　0 bit 数据延迟 XDATDLY＝01　1 bit 数据延迟 XDATDLY＝10　2 bit 数据延迟 XDATDLY＝11　保留

4. McBSP 的数据发送和接收的操作流程

McBSP 的数据发送和接收的操作分为串行接口的复位、串行接口的初始化、数据发送和接收 3 个阶段。

（1）串行接口的复位

芯片复位$\overline{RS}$＝0 引发的串行复位使整个串行接口复位，包括接口发送器、接收器、采样率发生器的复位。串行接口的发送器和接收器可以利用串行接口控制寄存器（SPCR1 和 SPCR2）中的$\overline{XPST}$和$\overline{RRST}$位分别独自复位。

（2）串行接口的初始化

① 设定串行接口控制寄存器 SPCR[1,2]中的$\overline{XRST}=\overline{RRST}=\overline{FRST}=0$。如果刚刚复位完毕，不必进行这一步操作。

② 编程配置特定的 McBSP 的寄存器。

③ 等待 2 个时钟周期，以保证适当的内部同步。

④ 按照写 DXR 的要求，给出数据。

⑤ 设置$\overline{XRST}=\overline{RRST}=1$，以使能串行接口。

⑥ 如果要求内部帧同步信号，设置$\overline{FRST}=1$。

⑦ 等待 2 个时钟周期后，激活接收器和发送器。

（3）数据发送和接收的操作

① 接收操作是三缓冲的

接收数据→数据接收引脚 DR→接收移位寄存器 RSR[1,2] → 接收缓冲寄存器 RBR[1,2]→ 数据接收寄存器 DRR[1,2]。

② 发送操作是双缓冲的

CPU 或 DMA 将发送数据→数据发送寄存器 DXR[1,2]→发送移位寄存器 XSR[1,2]→从 DX 移出发送数据

5. McBSP 串行接口应用举例

McBSP 的初始化程序。

```
STM   SPCR1, McBSP1_SPSA    ;将 SPCR1 对应的子地址放到子地址寄存器 SPSA 中
STM   #0000H, McBSP1_SPSD   ;将 #0000H 加载到 SPCR1 中,使接收中断由帧有
                            ; 效信号触发,靠右对齐高位添 0
STM   SPCR2, McBSP1_SPSA    ;将 SPCR2 对应的子地址放到子地址寄存器 SPSA 中
STM   #0000H, McBSP1_SPSD   ;帧同步发生器复位,发送器复位
STM   RCR1, McBSP1_SPSA     ;将 RCR1 对应的子地址放到子地址寄存器 SPSA 中
STM   #0040H, McBSP1_SPSD   ;接收帧长度为 16 位
STM   RCR2, McBSP1_SPSA     ;将 RCR2 对应的子地址放到子地址寄存器 SPSA 中
STM   #0040H, McBSP1_SPSD   ;接收为单相,每帧 16 位
STM   XCR1, McBSP1_SPSA     ;将 XCR1 对应的子地址放到子地址寄存器 SPSA 中
STM   #0040H, McBSP1_SPSD   ;发送帧长度为 16 位
STM   XCR2, McBSP1_SPSA     ;将 XCR2 对应的子地址放到子地址寄存器 SPSA 中
STM   #0040H, McBSP1_SPSD   ;发送为单相,每帧 16 位
STM   PCR, McBSP1_SPSA      ;将 PCR 对应的子地址放到子地址寄存器 SPSA 中
STM   #000eH, McBSP1_SPSD   ;工作于从模式
```

本 章 小 结

（1）介绍了中断的序号、中断名称、中断在内存中的地址、中断的功能与应用。

（2）定时器包括定时寄存器 TIM、定时周期寄存器 PRD 和定时控制寄存器 TCR。通过初始化预标定分频系数 TDDR 和定时周期寄存器 PRD 参数，定时器/计数器被初始化。

（3）HPI 是一个 8 位的并行端口用来与主设备或主处理器接口。

（4）TMS320C54x 的串行接口形式有 4 种类型：标准同步串行接口 BP、缓冲同步串行接口 BSP、多路缓冲串行接口 McBSP 和时分多路同步串行接口 TMD。本章着重对多路缓冲串行接口 McBSP 进行了介绍。

思 考 题

1. 已知中断向量 TINT＝13H，中断向量地址指针 IPTR＝0111H，求中断向量地址是多少？

2. 试分别说明下列有关定时器初始化和开放定时中断语句的功能。

① STM ♯0004H，IFR

② STM ♯0080H，IMR

③ RSBX INTM

④ STM ♯0279H，TCR

3. 软件等待状态发生器和可编程转换逻辑有何作用？

4. 说说通用 I/O 口的作用？

5. 假设时钟频率是 40 MHz，试编写在 XF 端输出一个周期为 2 ms 的方波程序段。

6. 试列举主机与 HPI 通信的连接单元，并分别说明它们的功能。

7. TMS320C54x 的串行接口有哪几种类型？

第 8 章 DSP 实验与实训

8.1 DSP 实验

8.1.1 循环操作

1. 实验目的

（1）掌握循环操作指令的运用；

（2）掌握用汇编语言编写 DSP 程序的方法。

2. 实验设备

（1）一台装有 CCS 软件的计算机；

（2）DSP 实验箱的 TMS320VC5402 主控板；

（3）DSP 硬件仿真器。

3. 实验说明

TMS320C54x 具有丰富的程序控制与转移指令，利用这些指令可以执行分支转移、循环控制以及子程序操作。本实验就是为了让学生了解并且运用循环操作指令 BANZ。BANZ 的功能是当辅助寄存器的值不为 0 时转移到指定标号执行。

例如：

```
        STM     #4,     AR2
loop:   ADD     *AR3+,A
        BANZ    loop,   *AR2-        ;当 AR2 不为零时转移到 loop 行执行
```

假设 AR3 中存有 $x_1 \sim x_5$ 5 个变量的地址，则上述简单的代码就完成了这 5 个数的求和。

4. 实验内容

编写一个程序，要求运用一个循环操作指令 BANZ 完成 $y = \sum\limits_{i=1}^{5} x_i$ 的计算。

程序流程图如图 8-1 所示。

（1）连接好 DSP 开发系统，运行 CCS 软件。

（2）设计一个程序并输入相应的链接命令文件（.cmd 文件）。

（3）新建一个工程。

（4）向工程添加程序及链接命令文件（.cmd 文件）。

（5）编译、链接工程中所有文件，生成 .out 输出文件（Rebuild All…▦），然后通过仿真器把执行代码（.out 的文件）下载到 DSP 芯片中。

（6）在程序最后 end 语句设置断点（当光标置于改行时，双击此行或单击工具条上的 Toggle Breakpoint 图标，此时该行代码左端会出现一个小红点），单击运行▱。

（7）选择 View→Memory，起始地址设为"0x0060"，观察内存数值的变化。应能看到 5 个加数的值及其求和值。

注意查看 0x0060～0x0065 单元中计算值显示的十六进制结果。

（8）停止程序的运行（单击　）。

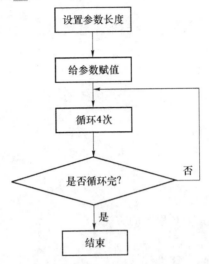

图 8-1　循环操作程序流程图

5. 思考题

（1）总结迭代次数与循环计数器初值的关系。

（2）分析掌握 TMS320C54x DSP 程序空间、数据空间的分配。

（3）学习其他转移指令。

8.1.2　双操作数乘法

1. 实验目的

（1）掌握 TMS320C54x 中的双操作数指令；

（2）掌握用汇编语言编写 DSP 程序的方法。

2. 实验设备

（1）一台装有 CCS 软件的计算机；

（2）DSP 实验箱的 TMS320VC5402 主控板；

（3）DSP 硬件仿真器。

3. 实验说明

双操作数指令可以节省机器周期，这在某些迭代运算过程中是十分有用的；迭代次数越多，节省的机器时间越多。双操作数指令是用间接寻址方式获得操作数的，并且只能用 AR2 到 AR5 的辅助寄存器。双操作数指令占用较少的程序空间而获得更快的运行速度。

现举一例说明双操作数指令的用法。试求 $y=mx+b$，则用单操作数指令的代码如下。

```
LD      @m,     T

MPY     @x,     A                           ;单操作数乘法指令

ADD     @b,     A

STL     A,      @y
```

若用双操作数乘法指令则改为：

STM	@m,	AR2
STM	@x,	AR3
MPY	*AR2, *AR3, A	;双操作数乘法指令
ADD	@b,	A
STL	A,	@y

4. 实验内容

编写一个程序,要求运用双操作数指令完成乘法累加 $z = \sum\limits_{i=1}^{10} a_i x_i$ 的计算。

程序框图如图 8-2 所示。

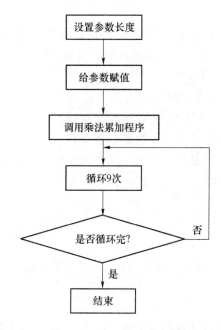

图 8-2　双操作数指令程序流程图

5. 实验步骤

(1) 连接好 DSP 开发系统,运行 CCS 软件。

(2) 设计一个程序并输入相应的链接命令文件(.cmd 文件)。

(3) 新建一个工程。

(4) 向工程添加程序及链接命令文件(.cmd 文件)。

(5) 编译、链接工程中所有文件,生成 .out 输出文件(Rebuild All…▦),然后通过仿真器把执行代码(.out 的文件)下载到 DSP 芯片中。

(6) 单击运行▨。

(7) 选择 View→Memory,起始地址设为"0x0060",观察内存数值 a,x 和 z 的变化。

注意查看 0x0060～0x0075 单元中计算值显示的十六进制结果。

(8) 停止程序的运行(单击▨)。

6. 思考题

(1) 试用单操作数指令完成上述计算。

(2) 学习其他双操作数指令。

8.1.3 并行运算

1. 实验目的

(1) 掌握 TMS320C54x 中的并行运算指令;

(2) 掌握用汇编语言编写 DSP 程序的方法。

2. 实验设备

(1) 一台装有 CCS 软件的计算机;

(2) DSP 实验箱的 TMS320VC5402 主控板;

(3) DSP 硬件仿真器。

3. 实验说明

TMS320C54x 片内有 1 条程序总线,3 条数据总线和 4 条地址总线。这 3 条数据总线(CB、DB 和 EB)将内部各单元连接在一起。其中,CB 和 DB 总线传送从数据存储器读出的操作数,EB 总线传送写到存储器中的数据。并行运算就是同时利用 D 总线和 E 总线。其中,D 总线用来执行加载或算术运算,E 总线用来存放先前的结果。

并行指令有并行加载和乘法指令,并行加载和存储指令,并行存储和乘法指令,以及并行存储和加/减法指令 4 种。所有并行指令都是单字单周期指令。并行运算时存储的是前面的运算结果,存储之后再进行加载或算术运算。这些指令都工作在累加器的高位,且大多数并行运算指令都受 ASM(累加器移位方式位)影响。

现以一个并行指令为例。

```
ST   src, Ymem        ; Ymem = src << (ASM - 16)
|| LD  Xmem, dst        ; dst = Xmem << 16
```

这个并行加载和存储指令实现了存储 ACC 和加载累加器并行执行。其他的并行指令请读者查阅相关资料。

4. 实验内容

编写一个程序,要求用并行运算指令完成 $z = x + y$ 和 $f = e + d$ 的计算。

流程图如图 8-3 所示。

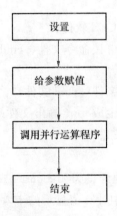

图 8-3 并行运算指令程序流程图

5. 实验步骤

（1）连接好 DSP 开发系统，运行 CCS 软件。

（2）设计一个程序并输入相应的链接命令文件（.cmd 文件）。

（3）新建一个工程。

（4）向工程添加程序及链接命令文件（.cmd 文件）。

（5）编译、链接工程中所有文件，生成 .out 输出文件（Rebuild All…▦），然后通过仿真器把执行代码（.out 的文件）下载到 DSP 芯片中。

（6）单击运行▨。

（7）选择 View→Memory，起始地址设为"0x0060"，观察内存数值的变化。应能看到两组加数与被加数的值及其求和值。

注意查看 0x0060～0x0065 单元中计算值显示的十六进制结果。

（8）停止程序的运行（单击▨）。

（9）尝试改变对变量 x，y，d 和 e 的初始赋值，重复上述过程，验证程序运行结果。

6. 思考题

学习其他并行指令，理解其工作原理。

8.1.4　小数运算

1. 实验目的

（1）掌握 TMS320C54x 中小数的表示和处理方法；

（2）掌握用汇编语言编写 DSP 程序的方法。

2. 实验设备

（1）一台装有 CCS 软件的计算机；

（2）DSP 实验箱的 TMS320VC5402 主控板；

（3）DSP 硬件仿真器。

3. 实验说明

2 个 16 位整数相乘，乘积总是"向左增长"，这意味着多次相乘后乘积将会很快超出定点器件的数据范围。而且要将 32 位乘积保存到数据存储器，就要开销 2 个机器周期以及 2 个字的程序和 RAM 单元。并且，由于乘法器都是 16 位相乘，因此很难在后续的递推运算中，将 32 位乘积作为乘法器的输入。然而，小数相乘，乘积总是"向右增长"，这就会使得结果超出定点器件数据范围，这部分我们可以忽略。在小数乘法下，既可以存储 32 位乘积，又可以存储高 16 位乘积，这就允许用较少的资源保存结果，也方便用于递推运算中。这就是定点 DSP 芯片都采用小数乘法的原因。

小数的表示方法：TMS320C54x 采用 2 的补码表示小数，其最高位为符号位，数值范围为（−1～1）。一个十进制小数（绝对值）乘以 32 768 后，再将其十进制整数部分转换成十六进制数，就能得到这个十进制小数的 2 的补码表示。如 0.5 乘以 32 768 得 16 384，再转换成十六进制就得到 4000H，这就是 0.5 的补码表示形式。在汇编语言程序中，由于不能直接写入十进制小数，因此如果要定义一个小数 0.707，则应该写成 32 768 * 707/1 000，而不能写成 32 768 * 0.707。

在进行小数乘法时，应事先设置状态寄存器 ST1 中的 FRCT 位（小数方式位）为"1"，这样，在乘法器将结果传送至累加器时就能自动地左移 1 位，从而自动消除 2 个带符号数相乘时

产生的冗余符号位。使用的语句是

SSBX   FRCT

4. 实验内容

在本实验中,要求编写程序完成 $y = \sum_{i=1}^{4} a_i x_i$ 的计算,其中的数据均为小数: $a_1 = 0.1, a_2 = 0.2, a_3 = -0.3, a_4 = 0.2; x_1 = 0.8, x_2 = 0.6, x_3 = -0.4, x_4 = -0.2$。注意源代码中小数的表示。

程序流程图如图 8-4 所示。

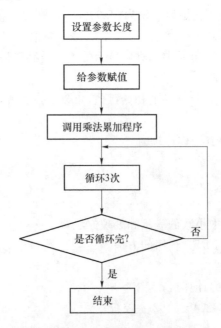

图 8-4   小数运算程序流程图

5. 实验步骤

(1) 连接好 DSP 开发系统,运行 CCS 软件。

(2) 设计一个程序并输入相应的链接命令文件(.cmd 文件)。

(3) 新建一个工程。

(4) 向工程添加程序及链接命令文件(.cmd 文件)。

(5) 编译、链接工程中所有文件,生成 .out 输出文件(Rebuild All … ⌗),然后通过仿真器把执行代码(.out 的文件)下载到 DSP 芯片中。

(6) 单击运行 ⌁。

(7) 选择 View→Memory,起始地址设为"0x0060",观察内存数值的变化。

注意查看 0x0060～0x0068 单元中计算值显示的十六进制结果。其中计算结果为 $y = 0.24 = 1EB7H$。

(8) 停止程序的运行(单击 ⌁)。

(9) 尝试改变变量的赋值,重复上述过程,验证程序运行结果。

6. 思考题

以 $0.5x - 0.375$ 为例分析 2 个带符号数相乘时的冗余符号位是如何产生的,理解为什么要设定 FRCT(小数)位。

注解:冗余符号位是因 2 个带符号数相乘时存储器自动留出符号位的空间而产生的;设置 FRCT 是为了减去多出来的一个符号位。

8.1.5　长字运算

1. 实验目的

(1) 掌握 TMS320C54x 中的长字指令;

(2) 掌握用汇编语言编写 DSP 程序的方法。

2. 实验设备

(1) 一台装有 CCS 软件的计算机;

(2) DSP 实验箱的 TMS320VC5402 主控板;

(3) DSP 硬件仿真器。

3. 实验说明

TMS320C54x 可以利用 32 位的长操作数进行长字运算。长字指令如下。

```
DLD      Lmem,     dst
DST      src,      Lmem
DADD     Lmem,     src [,dst]
DSUB     Lmem,     src [,dst]
DRSUB    Lmem,     src [,dst]
```

除了 DST 指令外,都是单字单周期指令,也就是在单个周期内同时利用 C 总线和 D 总线得到 32 位操作数。DST 指令存储 32 位数要用 E 总线 2 次,因此需要 2 个机器周期。

长操作数指令中的一个重要问题是,高 16 位和低 16 位操作数在存储器中如何排列。一般情况下,高 16 位操作数放在存储器中的低地址单元,低 16 位操作数放在存储器中的高地址单元。例如,一个长操作数 16782345H,它在存储器中的存入方式是:(0060H)=1678H(高字),(0061H)=2345H(低字)。

4. 实验内容

编写程序,利用长字指令完成 2 个 32 位数的相加。

流程图如图 8-5 所示。

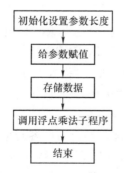

图 8-5　长字指令程序流程图

5. 实验步骤

(1) 连接好 DSP 开发系统,运行 CCS 软件。

(2) 设计一个程序并输入相应的链接命令文件(.cmd 文件)。

（3）新建一个工程。

（4）向工程添加程序及链接命令文件(.cmd 文件)。

（5）编译、链接工程中所有文件，生成.out 输出文件(Rebuild All…▦)，然后通过仿真器把执行代码(.out 的文件)下载到 DSP 芯片中。

（6）单击运行▨。

（7）选择 View→Memory，起始地址设为"0x0060"，观察内存数值的变化。应能看到两组加数与被加数的值及其两组求和值。

注意查看 0x0060～0x0064 单元中计算值显示的十六进制结果。

（8）停止程序的运行(单击▨)。

（9）尝试改变变量的赋值，重复上述过程，验证程序运行结果。

6. 思考题

试给出不用长字指令实现上述计算的代码。

8.1.6 浮点运算

1. 实验目的

（1）掌握 TMS320C54x 中浮点数的表示和处理方法；

（2）掌握用汇编语言编写 DSP 程序的方法。

2. 实验设备

（1）一台装有 CCS 软件的计算机；

（2）DSP 实验箱的 TMS320VC5402 主控板；

（3）DSP 硬件仿真器。

3. 实验说明

在数字信号处理中，为了扩大数据的范围和精度，需要采用浮点运算，TMS320C54x 虽然是个定点 DSP 器件，但它支持浮点运算。

（1）浮点数的表示方法

在 TMS320C54x 中浮点数由尾数和指数两部分组成，它与定点数的关系是"定点数＝尾数 $*$ 2 exp$^{(一指数)}$"。例如，定点数 0x2000(即 0.25)用浮点数表示时，尾数为 0x4000(即 0.5)，指数为 1，即 $0.25＝0.5×2^{-1}$。

（2）定点数到浮点数的转换

TMS320C54x 通过 3 条指令可将一个定点数转化成浮点数(设定点数存放在累加器 A 中)。这 3 条指令分别是"EXP A"、"ST T，EXPONENT"和"NORM A"。

① "EXP A"：这是一条提取指数的指令，指数保存在 T 寄存器中。

② "ST T，EXPONENT"：这条紧接在 EXP 后的指令是将保存在 T 寄存器中的指数存放到数据存储器的指定单元中。

③ "NORM A"：这是一条按 T 寄存器中的内容对累加器 A 进行归一化处理(左移或右移)，T 中为正数时左移，为负数时右移，移动的位数就是 T 中的指数值。但这条指令不能紧跟在 EXP 指令后面，因为此时 EXP 指令还没有来得及把指数值送至 T。

4. 实验内容

本实验中，要求编写浮点乘法程序，完成 $x_1 \cdot x_2＝0.3×(-0.8)$ 的运算。源程序中保留了 10 个存储单元：x_1(被乘数)，x_2(乘数)，e_1(被乘数的指数)，m_1(被乘数的尾数)，e_2(乘数的指数)，

m_2(乘数的尾数), ep(乘积的指数), mp(乘积的尾数), product(乘积), temp(临时单元)。

程序流程图如图 8-6 所示。

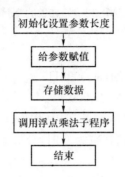

图 8-6　浮点乘法程序流程图

5. 实验步骤

(1) 连接好 DSP 开发系统,运行 CCS 软件。

(2) 设计一个程序并输入相应的链接命令文件(.cmd 文件)。

(3) 新建一个工程。

(4) 向工程添加程序及链接命令文件(.cmd 文件)。

(5) 编译、链接工程中所有文件,生成.out 输出文件(Rebuild All…📟),然后通过仿真器把执行代码(.out 的文件)下载到 DSP 芯片中。

(6) 单击运行📄。

(7) 选择 View→Memory,起始地址设为"0x0060",观察内存数值的变化。

注意查看 0x0060~0x0069 单元中计算值显示的十六进制结果。其中计算结果即乘积的尾数为 8520H,指数为 0002H,乘积的定点数为 E148H,对应的十进制数约等于－0.24。

(8) 停止程序的运行(单击📄)。

(9) 尝试改变变量的赋值,重复上述过程,验证程序的运行结果。

6. 思考题

(1) 试分析指数提取指令"EXP A"和归一化指令"NORM A"的工作原理。

(2) 浮点数到定点数应如何转换?

(3) 说明两个浮点数相乘的过程。

8.2　DSP 实训

8.2.1　中断与定时器应用

1. 实训目的

(1) 熟悉 DSP 中断的使用方法;

(2) 掌握定时器的编程、定时常数的设置和初始化的方法。

2. 实训设备

(1) 一台装有 CCS 软件的计算机;

(2) DSP 实验箱;

(3) DSP 硬件仿真器。

3. 实训说明

设时钟频率为 16.384 MHz,在 TMS320C5402 的 XF 端输出一个周期为 2 s 的方波,方波的周期由片上定时器确定,采用中断的方法实现。

(1) 定时器 0 的初始化

① 设置定时器控制寄存器 TCR(地址 0026H)

15~12(保留位):通常情况下设置为 0000。

11(Soft)和 10(Free)软件调试控制位:该例中设 Free=1、Soft=0。

9~6(PSC)预定标计数器:复位或其减为 0 时,分频系数 TDDR 自动加载到 PSC 上。该例中设置 TDDR=1001H=9。

5(TRB)定时器重新加载控制位:该例中设 TRB=1。

4(TSS)定时器停止控制位:该例中设 TSS=0,定时器启动开始工作。

3~0(TDDR)预标定分频系数:最大预标定值为 15,最小值为 0。该例中设置 TDDR=1001H=9。

最后程序中设置 TCR=669H。

② 设置定时寄存器 TIM(地址 0024H)。复位时,TIM 和 PRD 为 0FFFFH,TIM 由 PRD 中的数据加载。

③ 设置定时周期寄存器 PRD(地址 0025H)。因为输出脉冲周期为 2 s,所以定时中断周期应该为 1 s,每中断一次,输出端电平取反一次。

由定时时间计算公式 $t=T\times(1+TDDR)\times(1+PRD)$,其中 TDDR 最大为 0FH,PRD 最大为 0FFFFH,所以能计时的最长时间为 $T\times 1\,048\,576$。CLKOUT 主频 $f=16.384$ MHz,$T=61$ ns,所以定时最长时间为 $T\times 1\,048\,576=61\times 1\,048\,576$ ns$=63.96$ ms。

如果需要更长的定时时间,可以在中断程序中设置一个计数器。如本例可以将定时器设置为 1 ms,程序中的计数器设为 1 000,则在计数 1 ms×1 000=1 s 输出取反一次,得到一个周期为 2 s 的方波。

为将定时器设置为 1 ms,给定 TDDR=9,由定时时间计算公式 $t=T\times(1+TDDR)\times(1+PRD)$ 求得 PRD=1 639。

(2) 定时器对 C5402 的主时钟 CLKOUT 进行分频

CLKOUT 与外部晶体振荡器频率(在本系统中外部晶体振荡器的频率为 16.384 MHz)之间的关系由 C5402 的 3 个引脚 CLKMD1、CLKMD2 和 CLKMD3 的电平值决定,为使主时钟频率为 16.384 MHz,应使 CLKMD1=1、CLKMD2=1、CLKMD3=0,即 PLL×1。

(3) 中断初始化

① 中断屏蔽寄存器 IMR 中的定时屏蔽位 TINT0 置 1,开放定时器 0 中断。

② 状态控制寄存器 ST1 中的中断标志位 INTM 位清 0,开放全部中断。

(4) 汇编程序

汇编源程序如下。

```
            .mmregs
            .def _c_int00
    STACK   .usect "STACK",100H
    t0_cout .usect "vars",1   ;计数器
```

```
t0_flag  .usect  "vars",1   ;当前 XF 输出电平标志。t0_flag = 1,则 XF = 1
                            ;t0_flag = 0,则 XF = 0
    TVAL  .set  1639        ;1 640×10×61 = 1 ms,又因中断程序中计数器初值
                            ;t0_cout = 1 000,所以定时时间 1 ms×1 000 = 1 s
    TIM0  .set  0024H       ;定时器 0 寄存器地址
    PRD0  .set  0025H
    TCR0  .set  0026H
          .data
    TIMES .int  TVAL        ;定时器时间常数
          .text
```

```
**********************************
                    ;中断矢量表程序段
_c_int00
    b start
    nop
    nop
NMI rete                    ;非屏蔽中断
    nop
    nop
    nop
SINT17      .space 4 * 16   ;各软件中断
SINT18      .space 4 * 16
SINT19      .space 4 * 16
SINT20      .space 4 * 16
SINT21      .space 4 * 16
SINT22      .space 4 * 16
SINT23      .space 4 * 16
SINT24      .space 4 * 16
SINT25      .space 4 * 16
SINT26      .space 4 * 16
SINT27      .space 4 * 16
SINT28      .space 4 * 16
SINT29      .space 4 * 16
SINT30      .space 4 * 16
INT0        rsbx    intm    ;外中断 0 中断
            rete
            nop
            nop
INT1        rsbx    intm    ;外中断 1 中断
            rete
            nop
            nop
INT2        rsbx    intm    ;外中断 2 中断
            rete
```

```
                nop
                nop
TINT:           bd      timer       ;定时器中断向量
                nop
                nop
                nop
RINT0:          rete                ;串行接口 0 接收中断
                nop
                nop
                nop
XINT0:          rete                ;串行接口 0 发送中断
                nop
                nop
                nop
SINT6           .space 4 * 16       ;软件中断
SINT7           .space 4 * 16       ;软件中断
INT3:           rete                ;外中断 3 中断
                nop
                nop
                nop
HPINT:          rete                ;主机中断
                nop
                nop
                nop
RINT1:          rete                ;串行接口 1 接收中断
                nop
                nop
                nop
XINT1:          rete                ;串行接口 1 发送中断
                nop
                nop
                nop

  ********************************************
start:
                LD      #0,DP
                STM     #STACK+100H,SP
                STM     #07FFFH,SWWSR
                STM     #1020H,PMST
                ST      #1000,*(t0_cout)    ;计数器设置为 1000(1 s)
                SSBX    INTM                ;关闭全部中断
```

```
              LD       #TIMES,A
              READA    TIM0                    ;初始化 TIM,PRD
              READA    PRD0
              STM      #669H,TCR0              ;初始化 TCR0
              STM      #8,IMR                  ;初始化 IMR,使能 timer0 中断
              RSBX     INTM                    ;开放全部中断
WAIT:         B        WAIT

       ***********************************************
                                               ;定时器 0 中断服务子程序
timer:        ADDM     #-1,*(t0_cout)          ;计数器减 1
              CMPM     *(t0_cout),#0           ;判断是否为 0
              BC       next,NTC                ;不是 0,退出循环
              ST       #1000,*(t0_cout)        ;为 0,设置计数器,并将 XF 取反
              BITF     t0_flag,#1
              BC       xf_out,NTC
              SSBX     XF
              ST       #0,t0_flag
              B        next
xf_out:       RSBX     XF
              ST       #1,t0_flag
next:         RSBX     INTM
              RETE
              .end
```

8.2.2　高精度音频 A/D 与 D/A 转换

1. 实训目的

(1) 熟悉 DSP 中多功能缓冲串行接口(McBSP);

(2) 熟悉数字 D/A,A/D 芯片的功能和结构;

(3) 掌握 McBSP 及 AIC23 的设置和使用方法;

(4) 了解 AIC23 与 McBSP 的硬件结构与连接方式。

2. 实训设备

(1) 一台装有 CCS 软件的计算机;

(2) DSP 实验箱;

(3) DSP 硬件仿真器。

3. 实训说明

(1) AIC23 基本性能

AIC23 是德州仪器公司(TI)生产的高性能音频 A/D、D/A 放大电路。外围接口工作电压为 3.3 V,内核工作电压为 1.5 V,在 48 kHz 采样率条件下,A/D 变换信噪比可达 100 dB,其控制口可由硬件设置为同步置口(SP2)模式或两线制(2-wire),音频数据接口可采用 I²S 格

式、DSP 格式、USB 格式及最高位或最低位数据调整格式。音频数据字长可设置为 16、20、24、32 位,输出可直接驱动耳机,在 32 位条件下输出可达 30 mW。内置前置放大器及偏置电路可直接连接麦克风。该芯片功耗很低,在休眠(power-down)状态下,功耗小于 15 μW。

(2) AIC23 内部结构及功能

AIC23 的内部结构框图如图 8-7 所示。

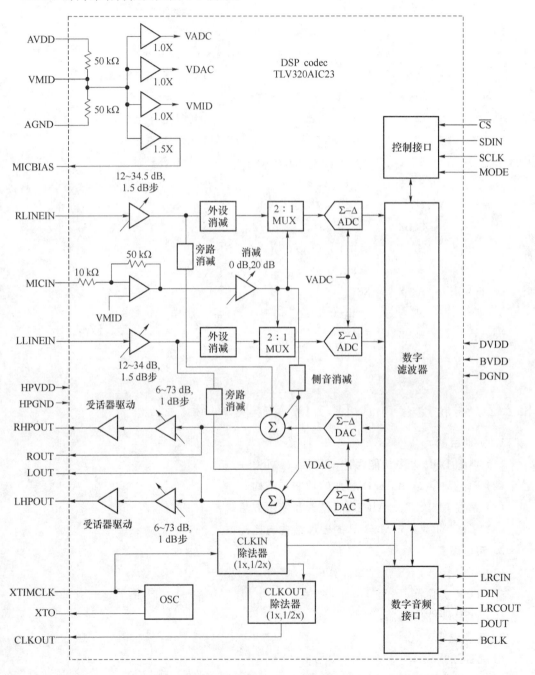

图 8-7 AIC23 的内部结构框图

① AIC23 有 2 个数字接口。其一是由 CS(控制信号)、SDIN(信号数据输入)、SCLK(信号时

钟)和 MODE(模式)构成的数字控制接口,通过它将芯片的控制字写入 AIC23,从而控制 AIC23 功能;另一组是由 LRCIN(左右声控制输入)、DIN(数据输入)、LROUT(左右声输出)、DOUT(数据输出)和 BLCK(时钟)组成的数字音频接口,AIC23 的数字音频信号从这个接口接收或发出。

② 在模拟信号接口方面,AIC23 有 4 组。第 1 组是由 RLINEIN(右声线入)和 LLINEIN (左声线入)组成的线路输入接口,其内部带可控增益放大器及静音电路,其最大输入模拟信号为 1VRMS;第 2 组是由 MICIN(麦克输入)构成的 MIC 接口,内部包含 1 个 5 倍固定增益放大器及 0~20 dB 可变增益放大器,该信号与线路输入信号(LINEIN)通过内部模拟开关选择送往 A/D 变换电路;第 3 组是由 RHPOUT(右声话音输出)和 LHPOUT(左声话音输出)组成的耳机驱动电路,在电源电压 3.3 V、负载 32 位的条件下输出功率为 30 mW,音量从 −73 dB~ +6 dB 可控,其输入信号来自内部的 D/A 变换电路同时混合 MIC 信号,也可放大线路输入信号(即 Bypass 功能);第 4 组是模拟接口 ROUT(右声输出)和 LOUT(左声输出),其信号来源于 AIC23 内部 D/A 变换电路,标称输出信号为 1 V 有效值(1 Vrms)。

AIC23 内部还包含 2 个 A/D、D/A 变换器,其字长可以是 16、20、24、32 位,同时 AIC23 内部的时钟可以通过 XTI(晶振时钟输入)、XTO(晶振时钟输出)和外接晶振构成,也可以由外部直接输入时钟信号。

AIC23 内部还包含有 MIC 偏置电路,使用外接 MIC 无须外置偏置电路。

由上面可见,AIC23 是一种高性能的音频录放接口芯片。

(3) AIC23 的控制方式及控制寄存器各位的意义

① AIC23 的控制接口

AIC23 的控制字传输可采用两种方式,即同步串行(SPI)模式和两线(2-wire)模式,两种模式由硬件决定。MODE 脚接高电平时,控制字传送用 SPI 模式,MODE 脚接低电平时,采用 2-wire 模式。在本次实验中,采用 SPI 模式。

② AIC23 的控制寄存器

控制寄存器的地址如下表 8-1 所示。

表 8-1　控制寄存器的地址

地　　址	寄存器功能
0000000	左声道线路输入增益控制
0000001	右声道线路输入增益控制
0000010	左声道耳机音量控制
0000011	右声道耳机音量控制
0000100	模拟音频通道控制
0000101	滤波器控制
0000110	休眠控制寄存器
0001000	采样率控制
0001001	数字接口激活控制
0001111	复位控制

• 左声道线路输入控制寄存器,如表 8-2 所示。

表 8-2 左声道线路输入控制寄存器

BIT	D8	D7	D6	D5	D4	D3	D2	D1	D0
Function	LRS	LIM	X	X	LIV4	LIV3	LIV2	LIV1	LIV0
Default	0	1	0	0	1	0	1	1	1

LRS:左/右声道线路输入增益控制调节,0=同步调节禁止,1=同步使能。

LIM:左声道线路输入静音控制,0=正常,1=静音。

LIV4~0:左声道音量控制,11111=±12 dB,00000=−34.5 dB,步距 1.5 dB/LSB。

X:保留。

• 右声道线路输入控制寄存器,如表 8-3 所示。

表 8-3 右声道线路输入控制寄存器

BIT	D8	D7	D6	D5	D4	D3	D2	D1	D0
Function	RLS	RIM	X	X	RIV4	RIV3	RIV2	RIV1	RIV0
Default	0	1	0	0	1	0	1	1	1

• 左声道耳机音量控制寄存器,如表 8-4 所示。

表 8-4 左声道耳机音量控制寄存器

BIT	D8	D7	D6	D5	D4	D3	D2	D1	D0
Function	LRS	LZC	LHV6	LHV5	LHV4	LHV3	LHV2	LHV1	LHV0
Default	0	1	1	1	1	1	0	0	1

LSR:左/右声道音量控制同步调节,0=同步调节不使能,1=同步调节使能。

LZC:左通道过零侦测(防止干扰进入耳机放大器),0=关,1=开。

LHV(6~0):耳机音量控制,1111111=+6 dB,0110000=−73 dB。

• 右声道耳机音量控制寄存器,如表 8-5 所示。

表 8-5 右声道耳机音量控制寄存器

BIT	D8	D7	D6	D5	D4	D3	D2	D1	D0
Function	RLS	RZC	RHV6	RHV5	RHV4	RHV3	RHV2	RHV1	RHV0
Default	0	1	1	1	1	1	0	0	1

• 滤波器控制寄存器,如表 8-6 所示。

表 8-6 滤波器控制寄存器

BIT	D8	D7	D6	D5	D4	D3	D2	D1	D0
Function	X	X	X	X	X	DACM	DEEMP1	DEEMP0	ADCHP
Default	0	0	0	0	0	0	1	0	0

DACM:D/A 变换电路软件静音控制,0=不静音,1=软件静音。

DEEMP:去加重控制选择,00=关,01=32 kHz,10=44 kHz,11=48 kHz。

ADCHP：A/D 高通滤波器，0＝关，1＝开。

- 休眠控制器，如表 8-7 所示。

表 8-7　休眠控制器

BIT	D8	D7	D6	D5	D4	D3	D2	D1	D0
Function	X	OFF	CLK	OSC	OUT	DAC	ADC	MIC	LINE
Default	0	0	0	0	0	0	1	1	1

OFF：芯片休眠控制，0＝芯片通电，1＝芯片休眠。

CLK：时钟控制，0＝时钟开启，1＝时钟关闭。

OSC：振荡器控制，0＝振荡器开启，1＝振荡器关闭。

OUT：输出控制，0＝输出开启，1＝输出关闭。

DAC：D/A 变换控制，0＝D/A 变换开启，1＝D/A 变换关闭。

ADC：A/D 变换控制，0＝A/D 变换开启，1＝A/D 变换关闭。

MIC：话筒电路控制，0＝开启，1＝关闭。

LINE：线路输入控制，0＝开启，1＝关闭。

- 数字音频接口格式控制寄存器，如表 8-8 所示。

表 8-8　数字音频接口格式控制寄存器

BIT	D8	D7	D6	D5	D4	D3	D2	D1	D0
Function	X	X	MS	LRSWAP	LRP	IWL1	IWL0	FOR1	FOR0
Default	0	0	0	0	0	0	0	0	1

MS：主/从模式控制位，0＝从模式，1＝主模式。

LRSWAP：D/A 左右通道交换控制位，0＝不交换，1＝交换。

LRP：D/A 左右数字声道帧相位。

IWL：数字音频字长。

FOR：数字音频接口格式选择。

在本次实验中，数据音频字采用 DSP 格式，其工作波形如图 8-8 所示。

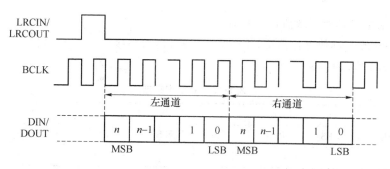

图 8-8　数字音频接口格式控制寄存器的工作波形图

- 采样率控制寄存器，如表 8-9 所示。

表 8-9　采样率控制寄存器

BIT	D8	D7	D6	D5	D4	D3	D2	D1	D0
Function	X	CLKOUT	CLKIN	SR3	SR2	SR1	SR0	BOSR	USB/Normal
Default	0	0	0	0	0	0	0	0	0

CLKOUT:输出时钟分频控制,0=不分频,1=二分频。

CLKIN:输入时钟分频控制,0=不分频,1=二分频。

SR:采样率控制位,如表 8-10 所示。

BOSR:超采样率控制。

USB/Normal:时钟模式,0=普通模式,1=USB 模式。

在本次实验中,采用 12 MHz 的晶振作为时钟,用 USB 模式。

表 8-10　采样率控制寄存器实训结果

MCLK=18 432 MHz

采样率		滤波器类型	采样率控制设置				
ADC/kHz	DAC/kHz		SR3	SR2	SR1	SR0	BOSR
95	96	2	0	1	1	1	1
48	48	1	0	0	0	0	1
32	32	1	0	1	1	0	1
8	8	1	0	0	1	1	1
48	8	1	0	0	0	1	1
8	48	1	0	0	1	0	1

- 数字接口激活寄存器,如表 8-11 所示。

表 8-11　数字接口激活寄存器

BIT	D8	D7	D6	D5	D4	D3	D2	D1	D0
Function	X	X	X	X	X	X	X	X	ACT
Default	0	0	0	0	0	0	0	0	0

ACT:激活接口,0=不激活,1=激活。

在程序中若改变其他寄存器位,要激活一次接口,否则接口不工作。

- 复位寄存器,如表 8-12 所示。

表 8-12　复位寄存器

BIT	D8	D7	D6	D5	D4	D3	D2	D1	D0
Function	RES	RES	RES	RES	RES	RES	RES	RES	RES
Default	0	0	0	0	0	0	0	0	0

RES:复位控制,只要向寄存器写一个数,芯片内寄存器复位,恢复默认值。

(4) McBSP 简介

McBSP 的基本性能

① McBSP 是 DSP 芯片的标准内部外设,可以提供收发双向串行通信,接收双缓冲,改善三缓冲寄存器,有独立的收发时钟,帧同步信号,可直接与多种格式装置连接,如 AC97,I²S 和 SPI 等。最多可发送/接收 128 个通道数据。数字字长从 8、12、16、20、24、32 位可变。可提供 A 律或 μ 律压缩,其时钟、帧同步极性、频率可编程。

② McBSP 的结构及与本次实验相关的寄存器简介。McBSP 的结构如前图 7-8 所示。

RSR、RBR 和 DRR 为三组接收缓冲寄存器,XSR 和 DXR 为两组发送缓冲寄存器,其他的为 McBSP 控制寄存器。DR 和 DX 分别为 McBSP 的数据接收、发送端,CLKX 和 CLKR 分别为 McBSP 的发送时钟与接收时钟,FSX 和 FSR 分别为 McBSP 的发送、接收帧同步,CLKS 为系统时钟,XINT 和 RINT 为 CPU 的发送、接收完毕中断。

McBSP 口控制寄存器寻址采用子地址寄存器寻址方式,即向子地址寄存器 SPSAx 写入各控制寄存器子地址,然后将控制字写入该 McBSP 口的主地址(如 0039H)。

本次实训用到的相关控制寄存器如下,它们在复位时,复位值全部为 0。

串行接口控制寄存器 1(SPCR1),子地址 0000H

串行接口控制寄存器 2(SPCR2),子地址 0001H

引脚控制寄存器(PCR),子地址 000EH

传送控制寄存器 1(XCR1),子地址 0004H

传送控制寄存器 2(XCR2),子地址 0005H

③ 寄存器的设置步骤。

- 设 SPCR(1～2)中 XRST＝RRST＝FRST＝0,使 McBSP 口处于复位状态。
- 设置各个相关寄存器对应位。
- 等待两个数据周期,确保 McBSP 内部同步。
- 向发送数据寄存器 DXR 写入数据。
- 设 SPCR(1～2)中 XRST＝RRST＝FRST＝1,使 McBSP 口离开复位状态。
- 等待两个数据周期,使 McBSP 收发器启动。

寄存器的设置步骤如图 8-9 所示。

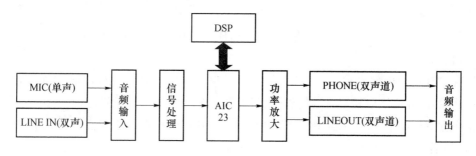

图 8-9　寄存器的设置步骤

4. 实训内容

本次实训包含两部分:一部分是 AIC23 的 Bypass 功能,即从线路输入口(LINEIN)输入音频信号,控制芯片内寄存器,使输入音频信号通过 AIC23 内 Bypass 通道经功率放大直接输出,实现模拟信号输入模拟信号输出;另一部分是 AIC23 的 D/A 变换实验,即由 DSP 送来的音频数据字,经音频数字接口送到 AIC23 内 D/A 变换成模拟信号,经功率放大器由耳机输出口（HPOUT）输出。

（1）首先要了解本次实训使用的硬件资源，在实验中使用 5410 芯片的 McBSP0 口和 AIC23，AIC23 有控制接口、音频数据接口，而 DSP 只提供了 McBSP0 口。故该串行接口要复用，传送 AIC23 的控制字与音频数据字。

（2）实训要求首先实现 30 s 的 Bypass 功能，然后自动转换为 DSP 芯片输出音频数据字。其程序流程图如图 8-10 所示。

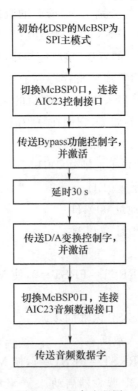

图 8-10　程序流程图

注意事项如下。

① AIC23 控制接口的通信模式是硬件控制，应将 AIC23 的 MODE 引脚拉高电平，置 SPI 模式，即跳线帽插在中间与右边。

② 由 CPLD 的内部设置，在音频数据传送过程中，应设 AIC23 为 DSP 主模式，McBSP0 为 DSP 从模式，并注意收发时钟、帧同步的极性与延迟脉冲的个数设置匹配。

③ 注意 AIC23 休眠寄存器中 ADC、DAC 不能同时开启，否则芯片会自动关闭，在改变控制字后应激活寄存器，否则芯片不会进入工作状态。

（3）音频线连接计算机和 AIC23 模块输入（LINEIN），另一条音频线连接 AIC23 模块输出（PHONE）和扬声器输入，或者用耳机连接 AIC23 模块输出（PHONE），用计算机播放声音文件。

（4）建立工程文件及源程序，编译▦，下载到 DSP。

（5）运行程序▨，听声音输出的变化。

（6）部分参考程序如下。

```
            .title "AIC23.asm"
            .mmregs
            .bss   audio_data,20H
;定义 McBSP0 的各个寄存器
bsp2        .set   35H
drr22       .set   30H
drr12       .set   31H
dxr22       .set   32H
dxr12       .set   33H
spsa2       .set   34H


bsp0        .set   39H
drr20       .set   20H
drr10       .set   21H
dxr20       .set   22H
dxr10       .set   23H
spsa0       .set   38H
spcr10      .set   00H
spcr20      .set   01H
rcr10       .set   02H
rcr20       .set   03H
xcr10       .set   04H
xcr20       .set   05H
srgr10      .set   06H
srgr20      .set   07H
pcr0        .set   0eH
;clkmd      .set   58H
cpldport1   .set   2000H
temp        .set   060H
;延时时间
time_derive .set   01H
            .def _DSPInit
            .data
audio_table:.word 0000H,2000H,4000H,6000H,7000H,6000H,4000H,2000H,0000H
            .word 0e000H,0c000H,0a000H,9000H,0a000H,0c000H,0e000H
            .text
_DSPInit:   stm #7000H,swwsr    ;等待 0 个时钟
            stm #216cH,pmst
```

```
              stm ♯0b, CLKMD ;switch to DIV mode
TstStatu:
              LDM CLKMD, A
              AND ♯01b, A ;poll STATUS bit
              BC TstStatus, ANEQ
              stm ♯0100001111101111b, CLKMD
                                    ;时钟为 10 倍频,127×16 个等待时钟
                                    ;PLL 开,分频关
              RPT ♯10000
              NOP


              stm ♯0000H,imr      ;屏蔽所有中断
              rsbx cpl            ;清 CPL 位 = 0
                                  ;初始化 CPU 完毕,开始初始化 McBSP0
write_cpld0
              stm ♯0001H,ar1
              stm ♯0000H,ar2
              portw ar1,cpldport1 ;切换字写到 CPLD 控制寄存器,转为控制字输出
              rpt ♯400           ;等 400 个周期
              nop
              portr cpldport1,ar2
              rpt ♯400
              nop                 ;等 400 个周期
              bitf ar2,♯0001H
              bc write_cpld0,ntc
              rpt ♯400
              nop


              ld ♯00H,dp
              stm ♯spcr10,spsa0   ;接收复位
              stm ♯0000H,bsp0
              stm ♯spcr20,spsa0   ;发送、采样、帧复位
              stm ♯0000H,bsp0
              stm ♯spcr10,spsa0   ;12、11 位为 10,进入 SPI 模式
                                  ;7 位(DXENA)为 0,不启动 DX 延时
              stm ♯1000H,bsp0
              stm ♯pcr0,spsa0     ;1 位置 1,数据下沿发送上沿接收,3 位置 1
                                  ;帧同步为低电平有效,9 位置 1,BLCK 输出,11
```

```
                              ;位置 1,BFSX 脚为高电平
stm #0a0aH,bsp0
stm #srgr10,spsa0     ;7~0 位置 64h(100),100 分频
stm #0064H,bsp0
stm #srgr20,spsa0     ;13 位置 1,时钟源于 CPU,12 位置 0,发送帧
                      ;同步
stm #2000H,bsp0
stm #rcr10,spsa0      ;14~8 位置 0,一帧一个字,7~5 位为 010
                      ;一个字 16 位
stm #0040H,bsp0
stm #rcr20,spsa0      ;15 位置 0,单阶段帧
                      ;1、0 位置 01 保证 SPI 正常工作
stm #0001H,bsp0
stm #xcr10,spsa0      ;14~8 位置 0,一帧一个字
                      ;7~5 位为 010,一个字 16 位
stm #0040H,bsp0
stm #xcr20,spsa0      ;15 位置 0,单阶段帧
                      ;1、0 位置 01 保证 SPI 正常工作
stm #0001H,bsp0
stm #spcr20,spsa0     ;6 位 GRST 为 1,采样脱离复位
orm #0040H,bsp0
rpt #400              ;等两个以上位时钟
nop
stm #spcr10,spsa0     ;接收离开复位
orm #0001H,bsp0
stm #spcr20,spsa0     ;发送离开复位
orm #0001H,bsp0
rpt #400
nop
                      ;McBSP0 初始化为 SPI 模式完毕
ld #0H,dp
                      ;初始化 AIC23 为 DAC、ADC、CLKOUT、DSP 模式
stm #1e00H,dxr12
rpt #3000
nop
stm #04ffH,dxr10      ;过零侦测开,音量为 6 dB
rpt #3000             ;延时等待数据传送完毕
nop
```

```
        stm ♯06ffH,dxr10      ;过零侦测开,音量为 6 dB
        rpt ♯3000            ;延时等待数据传送完毕
        nop

        stm ♯0862H,dxr10      ;伴音使能,DAC 使能
                             ;MIC 输入,Bypass 不使能
        rpt ♯3000            ;延时等待数据传送完毕
        nop

        stm ♯0a02H,dxr10      ;DAC 静音不使能,去加重为 32 kHz
                             ;ADC 高通滤波器不使能
        rpt ♯3000            ;延时等待数据传送完毕
        nop

        stm ♯0017H,dxr10      ;左声道线路输入 0 dB,线路输入静音
        rpt ♯3000            ;延时等待数据传送完毕
        nop

        stm ♯0217H,dxr10      ;右声道线路输入 0 dB,线路输入静音
        rpt ♯3000            ;延时等待数据传送完毕
        nop

        stm ♯0C02H,dxr10      ;POWER、CLOCK、OSC、OUT、DAC、ADC、MIC 打开,
                             ;LINE IN 关闭
        rpt ♯3000            ;延时等待数据传送完毕
        nop

        stm ♯0e53H,dxr10      ;6 位为 1,AIC23 在 DSP 模式中为主器件
                             ;4 位为 1,第 2 个时钟上沿数据可用
                             ;字长 16 位,DSP 模式
        rpt ♯3000            ;延时等待数据传送完毕
        nop

        stm ♯100DH,dxr10      ;USB 模式,8 kHz 采样率
                             ;输出时钟为 MCLK
        rpt ♯3000            ;延时等待数据传送完毕
        nop

        stm ♯1201H,dxr10      ;数字接口激活
        rpt ♯3000            ;延时等待数据传送完毕
        nop

                             ;AIC23 的 DAC 输出设置结束,开始输出音频数据
                             ;开始设置 McBSP2 为 DSP 模式从器件
        stm ♯spcr10,spsa2    ;接收复位
        stm ♯0000H,bsp2
        stm ♯spcr20,spsa2    ;发送、采样、帧复位
```

```
stm ＃0000H,bsp2
stm ＃spcr10,spsa2        ;RRST 为 0 接收复位
stm ＃0030H,bsp2
stm ＃spcr20,spsa2        ;XRST 为 0,GRST 为 0
                         ;FRST 为 0 发送、采样、帧复位
stm ＃0230H,bsp2
stm ＃spcr10,spsa2        ;5、4 位为 11,接收错误产生中断
                         ;进入非 SPI 模式,7 位(DXENA)为 0
                         ;不启动 DX 延时
stm ＃0030H,bsp2
stm ＃spcr20,spsa2        ;5、4 位为 11,发送错误产生中断
                         ;采样,帧同步复位
stm ＃0030H,bsp2
stm ＃pcr0,spsa2          ;帧同步,采样为外部输入,外部时钟极性反相
stm ＃0006H,bsp2
stm ＃rcr10,spsa2         ;14～8 位置 0,一帧一个字
                         ;7～5 位为 010,一个字 16 位
stm ＃00A0H,bsp2
stm ＃rcr20,spsa2         ;15 位置 1,双阶段帧,第二阶一个字
                         ;16 位字长 1、0 位置 01,延迟一个位时钟数据
                         ;有效
stm ＃0001H,bsp2
stm ＃xcr10,spsa2         ;14～8 位置 0,一帧一个字
                         ;7～5 位为 010,一个字 16 位
stm ＃0140H,bsp2
stm ＃xcr20,spsa2         ;15 位置 1,双阶段帧,第二阶一个字
                         ;16 位字长 1、0 位置 01,延迟一个位时钟数据
                         ;有效
stm ＃0001H,bsp2
rpt ＃400                 ;等两个以上位时钟
nop
stm ＃0000H,dxr12         ;传起始数据到 AIC23
stm ＃0000H,dxr22
stm ＃spcr10,spsa2        ;接收离开复位
orm ＃0001H,bsp2
rpt ＃400                 ;等两个以上位时钟
nop
ssbx cpl
```

```
            nop

            nop

            ret

            .end
```

链接命令文件(.cmd 文件):

```
-o  aic23fft.out

-m  aic23fft.map

-i dir

-l rts.lib  /* 文档库的文件作为连接器的输入文件 */


MEMORY

{

PAGE 0: /* PROGRAM MEMORY */

    VECS:  origin = 4100H, length = 0080H

    PROG:  origin = 0100H, length = 0f00H

PAGE 1: /* DATA MEMORY */


    DRAM_1 :ORIGIN = 1000H , LENGTH = 3000H

    DMA_DATA :ORIGIN = 5000H , LENGTH = 600H


PAGE 2: /* I/O MEMORY */

    IO_EX :ORIGIN = 0000H , LENGTH = 0FFF0H

                                        /* External I/O mapped peripherals */

    IO_IN :ORIGIN = 0FFF0H, LENGTH = 0FH

                                        /* On - chip I/O mapped peripherals */

}


SECTIONS

{

    /* .reset :{} > VECS PAGE 0 */

    .vectors :{} > VECS PAGE 0

    .text :{} > PROG PAGE 0

    .cinit : {} >PROG PAGE 0

    .data :{} > DRAM_1 PAGE 1

    .stack :{} >DRAM_1 PAGE 1     /* 系统堆栈,for C language */

    .bss :{} > DRAM_1 PAGE 1

    .const :{} > DRAM_1 PAGE 1

    .output :{} > DRAM_1 PAGE 1,align(2048)
```

```
        coffbuf :{} > DRAM_1 PAGE 1
}
```

参考程序

8.1.1

参考程序如下。

汇编程序文件(.asm 文件)：

```
        .mmregs
        .global      _c_int00
STACK   .usect       "STACK", 10H
        .bss   x, 5
        .bss   y, 1
        .def         start
        .data
table： .word        10, 20, 3, 4, 25   ; x1 — — x5
        .text
_c_int00：
        STM          #STACK + 10,  SP
        B            start
start： STM          #x, AR1
        RPT          #4
        MVPD         table, * AR1 +           ;装入数据
        LD           #0, A
        CALL         SUM                      ;调用累加子程序
end：   B            $
SUM：   STM          #x, AR3
        STM          #4, AR2                  ;装入循环次数
loop：  ADD          * AR3 + , A
        BANZ         loop, * AR2 -            ;循环执行指令
        STL          A, * (y)
        RETD
        NOP
        NOP
        .end
```

链接命令文件(.cmd 文件)：

```
        Ex4_1.obj
        - m Ex4_1.map
```

```
                 - o Ex4_1. out
         MEMORY
         {
           PAGE 0：
           PROG：org = 01000H   len = 0100h
           PAGE 1：
           DATA：org = 0060H   len = 0100H
         }
         SECTIONS
         {
           .text   ：> PROG PAGE 0
           .data   ：> PROG PAGE 0
           .bss    ：> DATA PAGE 1
           STACK   ：> DATA PAGE 1
         }
```

8.1.2

参考程序如下。

汇编程序文件(. asm 文件)

```
         .mmregs
         .global _c_int00
STACK    .usect        "STACK", 10H
         .bss a, 10
         .bss x, 10
         .bss z, 2                              ;结果存放单元
         .data
table：   .word         10,11,12,13,14,15,16,17,18,19
         .word         10,11,12,13,14,15,16,17,18,19
         .def  _c_int00
         .text
_c_int00：
         STM           # STACK + 10,   SP
         B             START
START：
         STM           # a, AR1                 ;装入数据
         RPT           # 19
         MVPD          table, * AR1 +
         CALL          SUM                      ;调用乘法累加子程序
```

```
end:B       end
SUM:        STM         #a, AR3
            STM         #x, AR4
            RPTZ        A, #9
            MAC         * AR3 + , * AR4 + , A          ;双操作数指令
            STH         A, * (z)
            STL         A, * (z + 1)
            RET
            .end
```

链接命令文件(. cmd 文件):

```
- m Ex4_2.map
- o Ex4_2.out
MEMORY
{
  PAGE 0:
   PROG:   org = 01000H   len = 0100H
  PAGE 1:
   DATA:   org = 0060H   len = 0100H
}
SECTIONS
{
  .text   :> PROG PAGE 0
  .data   :> PROG PAGE 0
  .bss    :> DATA PAGE 1
  STACK   :> DATA PAGE 1
}
```

8. 1. 3

参考程序如下。

汇编程序文件(. asm 文件):

```
        .mmregs
            .global _c_int00
STACK   .usect "STACK", 10H
            .bss x, 1
            .bss y, 1
            .bss z, 1
            .bss d, 1
            .bss e, 1
```

```
                    . bss f, 1
                    . def   start
                    . data
table：              . word  0123H        ; x
                    . word  1027H        ; y
                    . word  0            ; z
                    . word  1020H        ; d
                    . word  0345H        ; e
                    . word  0            ; f
                    . text
_c_int00：
                    STM    #STACK + 10,  SP
                    B      start
start：              STM    #x, AR1
                    RPT    #5
                    MVPD   table, * AR1 +
                    STM    #x, AR5
                    STM    #d, AR2
                    LD     #0, ASM
                    LD     * AR5 + ,  16, A
                    ADD    * AR5 + ,  16, A
                    ST     A, * AR5
                    || LD * AR2 + , B
                    ADD    * AR2 + ,16, B
                    STH    B, * AR2
end：                B          end
                    . end
```

链接命令文件(. cmd 文件)：

```
                    Ex4_3.obj
         - m Ex4_3.map
         - o Ex4_3.out
         MEMORY
         {
             PAGE 0：
             PROG：org = 01000H   len = 0100H
             PAGE 1：
             DATA：org = 0060H   len = 0100H
         }
```

```
            SECTIONS
            {
                .text   :> PROG PAGE 0
                .data   :> PROG PAGE 0
                .bss    :> DATA PAGE 1
              STACK   :> DATA PAGE 1
            }
```

8.1.4

参考程序如下。

汇编程序文件(.asm 文件)

```
            .mmregs
            .global _c_int00
STACK     .usect      "STACK", 10H
            .bss  a, 4
            .bss  x, 4
            .bss  y, 1
            .def  start
            .data
table:    .word      1 * 32768/10           ;注意小数的表示方法
            .word      2 * 32768/10
            .word       - 3 * 32768/10
            .word      4 * 32768/10
            .word      8 * 32768/10
            .word      6 * 32768/10
            .word       - 4 * 32768/10
            .word       - 2 * 32768/10
            .text
_c_int00:
            STM         #STACK + 10,  SP
            B           start
start:    SSBX        FRCT                   ;设置状态寄存器的小数方式位
            STM         #a, AR1
            RPT         #7
            MVPD        table, * AR1 +        ;装入数据
            STM         #x, AR2
            STM         #a, AR3
            RPTZ        A, #3
```

```
            MAC            * AR2 + , * AR3 + , A    ;双操作数指令
            STH            A, * (y)
end:B            end
            .end
```

链接命令文件(.cmd 文件):

```
Ex4_4.obj
 - m Ex4_4.map
 - o Ex4_4.out
MEMORY
{
  PAGE 0:
   PROG:org = 01000H   len = 0100H


  PAGE 1:
   DATA:org = 0060H   len = 0100H



}



SECTIONS
{
  .text   :> PROG PAGE 0
  .data   :> PROG PAGE 0
  .bss    :> DATA PAGE 1
  STACK   :> DATA PAGE 1
}
```

8.1.5

参考程序如下。

汇编程序文件(.asm 文件):

```
            .mmregs
            .global        _c_int00
STACK       .usect         "STACK", 10H
            .bss x, 2                        ;32 位的加数
            .bss y, 2                        ;32 位的加数
            .bss z, 2                        ;32 位的和数
            .def start
            .data
table:      .long          16782345H, 10200347H  ;两个加数的值
```

```
              .text
_c_int00：
              STM              ＃STACK＋10,  SP
              B                start
start：        STM              ＃x, AR1            ；装入数据
              RPT              ＃3
              MVPD             table, ＊AR1＋
              DLD              ＊(x),  A            ；长字装入
              DADD ＊(y),  A                        ；长字加法
              DST              A,  ＊(z)            ；长字装入
end：          B                end
              .end
```

链接命令文件(.cmd 文件)：

```
Ex4_5.obj
 － m Ex4_5.map
 － o Ex4_5.out
MEMORY
{
  PAGE 0：
   PROG：org＝1000H  len＝0100H
  PAGE 1：
   DATA：org＝0060H  len＝0100H
}
SECTIONS
{
  .text  :＞ PROG PAGE 0
  .data  :＞ PROG PAGE 0
  .bss   :＞ DATA PAGE 1
  STACK  :＞ DATA PAGE 1
}
```

8.1.6

参考程序如下。

汇编程序文件(.asm 文件)

```
              .mmregs
              .global_c_int00

STACK         .usect  "STACK", 10
              .bss x1, 1                      ;被乘数
```

```
                .bss x2, 1                          ;乘数
                .bss e1, 1                          ;被乘数的指数
                .bss m1, 1                          ;被乘数的尾数
                .bss e2, 1                          ;乘数的指数
                .bss m2, 1                          ;乘数的尾数
                .bss ep, 1                          ;乘积的指数
                .bss mp, 1                          ;乘积的尾数
                .bss product, 1                     ;乘积
                .bss temp, 1                        ;暂存单元
                .def start
                .data
table:          .word      3 * 32768/10             ;0.3
                .word      - 8 * 32768/10           ;- 0.8
                .text
_c_int00:
                STM        #STACK + 10,  SP
                B          start
start:          MVPD       table,   *(x1)           ;装入数据
                MVPD       table + 1,  *(x2)
                LD         *(x1), 16,  A            ;将 x1 规格化为浮点数
                EXP        A
                ST         T,   *(e1)               ;保存 x1 的指数
                NORM       A
                STH        A,   *(m1)               ;保存 x1 的尾数
                LD         *(x2), 16,  A            ;将 x2 规格化为浮点数
                EXP        A
                ST         T,   *(e2)               ;保存 x2 的指数
                NORM       A
                STH        A,   *(m2)               ;保存 x2 的尾数
                CALL       MULT                     ;调用浮点乘法子程序
end:            B          end

MULT:           SSBX       FRCT                     ;设置状态寄存器
                SSBX       SXM
                LD         *(e1), A                 ;指数相加
                ADD        *(e2), A
                STL        A,   *(ep)               ;保存乘积指数
                LD         *(m1), T                 ;尾数相乘
                MPY        *(m2), A
                EXP        A                        ;对尾数乘积规格化
```

```
        ST          T,   *(temp)
        NORM        A
        STH         A,   *(mp)          ;保存乘积尾数
        LD          *(temp),A           ;修正乘积指数
        ADD         *(ep),A
        STL         A,   *(ep)
        NEG         A                   ;将浮点乘积转换为定点数
        STL         A,   *(temp)
        LD          *(temp),T           ;将尾数按 T 移位
        LD          *(mp),16,A
        NORM        A
        STH         A,   *(product)     ;保存定点乘积
        RET
        .end
```

链接命令文件(.cmd 文件)：

```
-m Ex4_6.map
-o Ex4_6.out
MEMORY
{
    PAGE 0：
    PROG：  org = 01000H  len = 0100H
    PAGE 1：
    DATA：  org = 0060H   len = 0100H
}
SECTIONS
{
    .text  :> PROG PAGE 0
    .data  :> PROG PAGE 0
    .bss   :> DATA PAGE 1
    STACK  :> DATA PAGE 1
}
```

TMS320C54x 指令速查表

TMS320C54x 指令一共有 129 条,按功能分为算术指令、逻辑指令、程序控制指令、存储和装入指令、单个循环指令 5 类。

要读懂指令系统,首先须理解其中的符号所代表的意义。

符　号	意　义
A	累加器 A
ACC	累加器
ACCA	累加器 A
ACCB	累加器 B
ALU	算术逻辑单元
ARx	特指某个辅助寄存器($0 \leqslant x \leqslant 7$)
ARP	ST0 中的辅助寄存器指针位;这 3 位指向当前辅助寄存器(AR)
ASM	ST1 中的 5 位累加器移位方式位($-16 \leqslant ASM \leqslant 15$)
B	累加器 B
BRAF	ST1 中的块循环有效标志
BRC	块循环计数器
BITC	4 位数决定位测试指令对指定的数据存储器值的哪一位进行测试
C16	ST1 中的双 16 位/双精度算术方式位
C	ST0 中的进位位
CC	2 位条件代码($0 \leqslant CC \leqslant 3$)
CMPT	ST1 中的兼容方式位
CPL	ST1 中的编译方式位
Cond	操作数表示条件执行指令使用的条件
[d], [D]	延迟方式
DAB	D 数据总线
DAR	DAB 地址寄存器
dmad	16 位立即数表示的数据存储器地址($0 \leqslant dmad \leqslant 65\ 535$)
Dmem	数据存储器操作数
DP	ST0 中的 9 位数据存储器页指针($0 \leqslant DP \leqslant 511$)
dst	目的累加器(A 或 B)
dst_	另一个目的累加器

符　号	意　义
EAB	E 地址总线
EAR	EAB 地址寄存器
extpmad	23 位立即数表示的程序存储器地址
FRCT	ST1 中的分数方式位
hi（A）	累加器 A 的高端(31~16 位)
HM	ST1 中的保持方式位
IFR	中断标志寄存器
INTM	ST1 中的中断屏蔽位
K	少于 9 位的短立即数
K3	3 位立即数(0≤K3≤7)
K5	5 位立即数(−16≤K5≤15)
K9	9 位立即数(0≤K9≤511)
lk	16 位长立即数
Lmem	使用长字寻址 32 位单数据存储器操作数
mmr　MMR	存储器映射寄存器
MMRx MMRy	存储器映射寄存器,AR0~AR7 或 SP
n	紧跟 XC 指令的字数,n＝1 或 2
N	指定在 RSBX,SSBX 和 XC 指令中修改的状态寄存器(ST0 或 ST1)
OVA	ST0 中的累加器 A 的溢出标志
OVB	ST0 中的累加器 B 的溢出标志
OVdst	目的累加器(A 或 B)的溢出标志
OVdst_	目的累加器反(A 或 B)的溢出标志
Ovsrc	源累加器(A 或 B)的溢出标志
OVM	ST1 中的溢出方式位
PA	16 位立即数表示的端口地址(0≤PA≤65 535)
PAR	程序地址寄存器
PC	程序计数器
pmad	16 位立即数表示的程序存储器地址(0≤pmad≤65 535)
Pmem	程序存储器操作数
PMST	处理器方式状态寄存器
prog	程序存储器操作数
[R]	凑整选项
md	凑整
RC	循环计数器
RTN	在指令 RETF[D]中使用的快速返回寄存器
REA	块循环结束地址寄存器

符　号	意　义
RSA	块循环开始地址寄存器
SBIT	4 位数指明在指令 RSBX,SSBX 和 XC 中修改的状态寄存器位数（0≤SBIT≤15）
SHFT	4 位移位数（0≤SHFT≤15）
SHIFT	5 位移位数（−16≤SHIFT≤15）
Sind	使用间接寻址的单数据存储器操作数
Smem	16 位单数据存储器操作数
SP	堆栈指针
src	源累加器（A 或 B）
ST0	状态存储器 0
ST1	状态存储器 1
SXM	ST1 中的符号扩展方式位
T	暂存器
TC	ST0 中测试/控制标志位
TOS	堆栈栈顶
TRN	状态转移寄存器
TS	T 寄存器的 5～0 位确定的移位数（−16≤TS≤31）
uns	无符号的数
XF	ST1 中的外部标志状态位
XPC	程序计数器扩展寄存器
Xmem	在双操作数指令和一些单操作数指令中使用的 16 位双数据存储器操作数
Ymem	在双操作数指令使用的 16 位双数据存储器操作数

1. 算术运算指令
（1）加法指令

ADD Smem, src	与 ACC 相加
ADD Smem, TS, src	操作数移位后加到 ACC 中
ADD Smem, 16, src[,dst]	把左移 16 位的操作数加到 ACC 中
ADD Smem, [,SHIFT], src[,dst]	把移位后的操作数加到 ACC 中
ADD Xmem, SHFT, src	把移位后的操作数加到 ACC 中
ADD Xmem, Ymem, dst	把两个操作数分别左移 16 位,然后相加
ADD # lk [,SHFT], src [,dst]	长立即数移位后加到 ACC 中
ADD # lk, 16, src[,dst]	把左移 16 位的长立即数加到 ACC 中
ADD src, [,SHIFT][,dst]	移位再相加
ADD src, ASM[,dst]	移位再相加,移动位数为 ASM 的值
ADDC Smem, src	带有进位位的加法
ADDM # lk, Smem	把长立即数加到存储器中
ADDS Smem, src	带符号扩展的加法

（2）减法指令

SUB Smem, src	从累加器中减去一个操作数
SUB Smem, TS, src	移位后再与 ACC 相减
SUB Smem, 16, src[,dst]	把左移 16 位的操作数与 ACC 相减
SUB Smem, [,SHIFT], src[,dst]	把移位后的操作数与 ACC 相减
SUB Xmem, SHFT, src	把移位后的操作数与 ACC 相减
SUB Xmem, Ymem, dst	把两个操作数分别左移 16 位,然后相减
SUB # lk [,SHFT], src [,dst]	长立即数移位后与 ACC 相减
SUB # lk, 16, src[,dst]	把左移 16 位的长立即数与 ACC 相减
SUB src, [,SHIFT][,dst]	移位再相减
SUB src, ASM[,dst]	移位再相减,移动位数为 ASM 的值
SUBB Smem, src	带有借位位的加法
SUBC Smem, src	条件减法
SUBS Smem, src	带符号扩展的减法

（3）乘法指令

MPY Smem, dst	T 寄存器与单数据存储器操作数相乘
MPYR Smem, dst	T 寄存器带四舍五入与单数据存储器操作数相乘
MPY Xmem, Ymem, dst	两个数据存储器操作数相乘
MPY Smem, # lk, dst	长立即数与单数据存储器操作数相乘
MPY # lk, dst	长立即数与 T 寄存器的值相乘
MPYA dst	ACCA 的高端与 T 寄存器的值相乘
MPYA Smem	单数据存储器操作数与 ACCA 的高端相乘
MPYU Smem, dst	T 寄存器的值与符号数相乘
SQUR Smem, dst	单数据存储器操作数的平方
SQUR A, dst	ACCA 的高端的平方

（4）乘加与乘减指令

MAC Smem, src	与 T 寄存器相乘再加到 ACC 中
MAC Xmem, Ymem src[,dst]	双操作数相乘再加到 ACC 中
MAC # lk, src[,dst]	T 寄存器与长立即数相乘再加到 ACC 中
MAC Smem, # lk, src[,dst]	与长立即数相乘再加到 ACC 中
MACR Smem, src	带四舍五入与 T 寄存器相乘再加到 ACC 中(凑整)
MACR Xmem, Ymem,src [,dst]	带四舍五入双操作数相乘再加到 ACC 中(凑整)
MACA Smem, [,B]	与 ACCA 的高端相乘再加到 ACCB 中
MACA T, src[,dst]	T 寄存器与 ACCA 的高端相乘再加到 ACC 中
MACAR Smem[,B]	带四舍五入与 ACCA 的高端相乘再加到 ACCB 中(凑整)
MACAR T, src[,dst]	T 寄存器带四舍五入与 ACCA 高端相乘,再加到 ACC 中(凑整)
MACD Smem, pmad, src	带延时的与程序寄存器值相乘再累加

MACP Smem, pmad, src	与程序寄存器值相乘再累加
MACSU Xmem, Ymem, src	带符号数与无符号数相乘再累加
MAS Smem, src	与 T 寄存器相乘再与 ACC 相减
MASR Smem, src	带四舍五入与 T 寄存器相乘再与 ACC 相减(凑整)
MAS Xmem, Ymem, src[,dst]	双操作数相乘再与 ACC 相减
MASR Xmem, Ymem, src[,dst]	双操作数带四舍五入相乘再与 ACC 相减
MASA Smem [,B]	从 ACCB 中减去单数据存储器操作数与 ACCA 的乘积
MASA T, src[,dst]	从 src 中减去 ACCA 高端与 T 寄存器的乘积
MASAR T, src[,dst]	从 src 中减去 ACCA 高端与 T 寄存器的乘积(凑整)
SQURA Smem, src	平方后累加
SQURS Smem, src	平方后相减

(5) 双操作数指令

DADD Lmem, src[,dst]	双重加法
DADST Lmem, dst	T 寄存器与长立即数的双重加法和减法
DRSUB Lmem, src	长字的双 16 位减法
DSADT Lmem, dst	T 寄存器与长操作数的双重减法
DSUB Lmem, src	ACC 的双精度/双 16 位减法
DSUBT Lmem, dst	T 寄存器和长操作数的双重减法

(6) 特殊应用指令

ABDST Xmem, Ymem	求绝对值
ABS src[,dst]	ACC 的值取绝对值
CMPL src[,dst]	求累加器值的反码
DELAY Smem	存储器延迟
EXP src	求累加器指数
FIRS Xmem, Ymem, pmad	对称有限冲击响应滤波器
LMS Xmem, Ymem	求最小均方值
MAX dst	求累加器的最大值
MIN dst	求累加器的最小值
NEG src[,dst]	求累加器的反值
NORM src[,dst]	归一化
POLY Smem	求多项式的值
RND src[,dst]	求累加器的四舍五入值
SAT src	对累加器的值作饱和计算
SQDST Xmem, Ymem	求两点之间距离的平方

2. 逻辑指令

（1）与指令

AND Smem, src	单数据存储器读数和 ACC 相与
AND ＃ lk[,SHFT], src[,dst]	长立即数移位后和 ACC 相与
AND ＃ lk, 16, src[,dst]	长立即数左移 16 位后和 ACC 相与
AND src[,SHIFT] [,dst]	累加器的值移位后与目的累加器相与
ANDM ＃ lk, Smem	单数据存储器操作数与长立即数相与

（2）或指令

OR Smem, src	单数据存储器读数和 ACC 相或
OR ＃ lk[,SHFT], src[,dst]	长立即数移位后和 ACC 相或
OR ＃ lk, 16, src[,dst]	长立即数左移 16 位后和 ACC 相或
OR src[,SHIFT] [,dst]	累加器的值移位后与目的累加器相或
ORM ＃ lk, Smem	单数据存储器操作数与长立即数相或

（3）异或指令

XOR Smem, src	单数据存储器读数和 ACC 相异或
XOR ＃ lk[,SHFT], src[,dst]	长立即数移位后和 ACC 相异或
XOR ＃ lk, 16, src[,dst]	长立即数左移 16 位后和 ACC 相异或
XOR src[,SHIFT] [,dst]	累加器的值移位后与目的累加器相异或
XORM ＃ lk, Smem	单数据存储器操作数与长立即数相异或

（4）移位指令

ROL src	累加器值循环左移
ROL TC src	累加器值带 TC 位循环左移
ROR src	累加器值循环右移
SFTA src, SHIFT[,dst]	累加器值算术移位
SFTC src	累加器值条件移位
SFTL src, SHIFT[,dst]	累加器值逻辑移位

（5）测试指令

BIT Xmem, BITC	测试指定位
BITF Smem, ＃ lk	测试由立即数指定位
BITF Smem	测试由 T 寄存器指定位
CMPM Smem, ＃ lk	比较单数据存储器操作数和立即数的值
CMPR CC, ARx	辅助寄存器 ARx 和 AR0 相比较

3. 程序控制指令

(1) 分支指令

B[D] pmad	可以选择延时的无条件转移
BACC[D] src	可以选择延时的指针指向的地址
BANZ[D] pmad, Sind	当 AR 不为 0 时转移
BC[D] pmad, cond[,cond[,cond]]	可以选择延时的条件转移
FB[D] extpmad	可以选择延时的远程无条件转移
FBACC[D] src	远程转移到 ACC 所指向的地址

(2) 调用指令

CALA[D] src	可选择延时的调用 ACC 所指向的子程序
CALL[D] pmad	可选择延时的无条件调用
CC[D] pmad,cond[,cond[,cond]]	可选择延时的条件调用
FCALA[D] src	可选择延时的远程无条件调用
FCALL[D] extpmad	可选择延时的远程条件调用

(3) 中断指令

INTRK	软件中断
TRAPK	软件中断

(4) 返回指令

FRET[D]	可选择延时的远程返回
FRETE[D]	可选择延时的远程返回,且允许中断
RC[D] cond[,cond[,cond]]	可选择延时的条件返回
RET[D]	可选择延时的无条件返回
RETE[D]	可选择延时的无条件返回,且允许中断
RETF[D]	可选择延时的快速无条件返回,且允许中断

(5) 重复指令

RPT Smem	循环执行下一条指令,计数为单数据存储器操作数
RPT ♯ k	循环执行下一条指令,计数为短立即数
RPT ♯ lk	循环执行下一条指令,计数为长立即数
RPTB[D] pmad	可以选择延时的块循环
RPTZ dst, ♯ lk	循环执行下一条指令且对 ACC 清 0

(6) 堆栈操作指令

FRAME K	堆栈指针加上立即数的值
POPD Smem	把数据从栈顶弹入数据存储器
POPM MMR	把数据从栈顶弹入存储器映射寄存器

PSHD Smem	把数据存储器值压入堆栈
PSHM MMR	把存储器映射寄存器值压入堆栈

（7）其他程序控制指令

IDLE k	保持空闲状态直到有中断产生
MAR Smem	修改辅助寄存器
NOP	无任何操作
RESET	软件复位
RSBX N, SBIT	状态寄存器复位
SSBX N, SBIT	状态寄存器置位
XC n, cond[,cond[,cond]]	条件执行

4. 装入指令
（1）存储指令

DST src, Lmem	把累加器的值存放到长字中
ST T, Smem	存储 T 寄存器的值
ST TRN, Smem	存储 TRN 的值
ST ♯ lk, Smem	存储长立即操作数
STH src, Smem	把累加器的高端存放到数据存储器中
STH src, ASM, Smem	ACC 的高端移位后存放到数据存储器中,移动位数由 ASM 决定
STH src, SHFT, Xmem	ACC 的高端移位后存放到数据存储器中
STH src[,SHIFT], Smem	ACC 的高端移位后存放到数据存储器中
STL src, Smem	把累加器的低端存放到数据存储器中
STL src, ASM, Smem	ACC 的低端移位后存放到数据存储器中,移动位数由 ASM 决定
STL src, SHFT, Xmem	ACC 的低端移位后存放到数据存储器中
STL src[,SHIFT], Smem	ACC 的低端移位后存放到数据存储器中
STL M src, MMR	把累加器的低端存放到存储器中
STM ♯ lk, MMR	把累加器的低端存放到存储器映射寄存器中

（2）装入指令

DLD Lmem, dst	把长字装入累加器
LD Smem, dst	把操作数装入累加器
LD Smem, TS, dst	操作数移位后装入 ACC
LD Smem, 16, dst	把操作数左移 16 位后装入 ACC
LD Smem[,SHIFT], dst	操作数移位后装入 ACC
LD Xmem, SHFT, dst	操作数 Xmem 移位后装入 ACC
LD ♯ K, dst	把短立即操作数装入 ACC
LD ♯ lk[,SHFT], dst	长立即操作数移位后装入 ACC

LD # lk, 16, dst	长立即操作数左移 16 位后装入 ACC
LD src, ASM[, dst]	累加器移动由 ASM 决定的位数
LD src[, SHIFT], dst	累加器移位
LD Smem, T	把单数据存储器操作数装入 T 寄存器
LD Smem, DP	把单数据存储器操作数装入 DP
LD # k9, DP	把 9 位操作数装入 DP
LD # k5, ASM	把 5 位操作数装入累加器移位方式寄存器中
LD # k3, ARP	把 3 位操作数装入 ARP 中
LD Smem, ASM	把操作数的 4~0 位装入 ASM
LDM MMR, dst	把存储器映射寄存器值装入累加器中
LDR Smem, dst	把存储器值装入 ACC 的高端
LDU Smem, dst	把不带符号的存储器值装入累加器中
LTD Smem	把单数据存储器操作数装入 T 寄存器,且插入延迟

(3) 条件存储指令

CMPS src, Smem	比较、选择并存储最大值
SACCD src, Xmem, cond	条件存储累加器的值
SRCCD Xmem, cond	条件存储块循环计数器
STRCD Xmem, cond	条件存储 T 寄存器的值

(4) 并行装入和存储指令

ST src, Ymem ‖ LD Xmem, dst	存储 ACC 和装入累加器中并行执行
ST src, Ymem ‖ LD Xmem, T	存储 ACC 和装入 T 寄存器中并行执行

(5) 并行装入和乘法指令

LD Xmem, dst ‖ MAC Ymem, dst_	装入和乘/累加操作并行执行
LD Xmem, dst ‖ MACR Ymem, dst_	装入和乘/累加操作并行执行,可凑整
LD Xmem, dst ‖ MAS Ymem, dst_	装入和乘/减法操作并行执行
LD Xmem, dst ‖ MASR Ymem, dst_	装入和乘/减法操作并行执行,可凑整

(6) 并行存储和加减指令

ST src, Ymem ‖ ADD Xmem, dst	存储 ACC 和加法并行执行
ST src, Ymem ‖ ADD Xmem, dst	存储 ACC 和减法并行执行

（7）并行存储和乘法指令

ST src，Ymem ‖ MAC Xmem，dst	存储和乘/累加操作并行执行
ST src，Ymem ‖ MACR Xmem，dst	存储和乘/累加操作并行执行,可凑整
ST src，Ymem ‖ MAS Xmem，dst	存储和乘/减法操作并行执行
ST src，Ymem ‖ MASR Xmem，dst	存储和乘/减法操作并行执行,可凑整
ST src，Ymem ‖ MPY Xmem，dst	存储和乘法操作并行执行

（8）其他存储和装入指令

MVDD Xmem，Ymem	在数据存储器内部转移
MVDK Smem，dmad	目的地址寻址的数据转移
MVDM dmad，MMR	把数据转移到存储器映射寄存器
MVDP Smem，pmad	把数据转移到程序存储器
MVKD dmad，Smem	源地址寻址的数据转移
MVMD MMR，dmad	把存储器映射寄存器值转移到数据存储器中
MVMM MMRx，MMRy	在存储器映射寄存器之间转移数据
MVPD pmad，Smem	把程序存储器的值转移到数据存储器中
PORTR PA，Smem	从端口把数据读到数据存储器单元中
PORTW Smem，PA	把数据写到端口
READA Smem	把由 ACCA 寻址的程序存储器单元的值读到数据单元中
WRITA Smem	把数据单元中的值写到由 ACCA 寻址的程序存储器中

5．单个循环指令
（1）单个循环指令

FIRS	有限冲激响应滤波器
MACD	乘和移动结果延时存于累加器
MACP	乘和移动结果存于累加器
MVDK	数据到数据移动
MVDM	数据到 MMR 移动
MVDP	数据到程序移动
MVKD	数据到数据移动
MVMD	MMR 到数据移动
MVPD	程序到数据移动
READA	从程序存储器读到数据存储器
WRITA	写数据存储器到程序存储器

（2）不可使用 RPT 或 RPTZ 指令循环执行的指令

ADDM	加长立即数到数据存储器
ANDM	把数据存储器与长立即数相与
B[D]	无条件跳转
BACC[D]	跳转到累加器地址
BANZ[D]	跳转到非 0 的辅助寄存器
BC[D]	条件转移
CALA[D]	调用累加器地址
CALL[D]	无条件调用
CC[D]	条件调用
CMPR	和辅助寄存器相比较
DST	长字(32 位)存储
FB[D]	无条件远程跳转
FBACC[D]	远程跳转至累加器所指定的位置
FCALA[D]	远程调用子循环,地址由累加器所指定
FCALL[D]	无条件远程调用
FRET[D]	远程返回
FRETE[D]	中断使能并从中断中远程返回
IDLE	IDLE 指令
INTR	中断
LD ARP	调用辅助寄存器指针
LD DP	调用数据页指针
MVMM	MMR 之间的移动
ORM	数据存储器与长立即数相与
RC[D]	条件返回
RESET	软件复位
RET[D]	无条件返回
RETF[D]	从中断返回
RND	累加器求余
RPT	重复执行下一条指令
RPTB[D]	块重复
RPTZ	重复下一条指令并清除累加器
RSBX	复位状态寄存器中的位
SSBX	置位状态寄存器中的位
TRAP	软件中断
XC	条件执行
XORM	长立即数和数据存储器相异或

参 考 文 献

[1] Texas Instruments:TMS320C54x DSP CPU and Peripherals,2001.

[2] Texas Instruments:TMS320C54x DSP Applications Guide,1997.

[3] Texas Instruments:TMS320C54x Code Composer Studio Help,2001.

[4] 戴明桢,周建江. TMS320C54x DSP 结构、原理及应用. 北京:北京航空航天大学出版社,2001.

[5] 苏涛,蔺丽华,卢光跃,等. DSP 实用技术. 西安:西安电子科技大学出版社,2002.

[6] 李哲英,骆丽,刘元盛. DSP 基础理论与应用技术. 北京:北京航空航天大学出版社,2002.

[7] 李利. DSP 原理及应用. 北京:中国水利水电出版社,2004.

[8] 汪安民. TMS320C54xx DSP 实用技术. 北京:清华大学出版社,2007.